把生活过成想要的样子

邓斌◎编著

BA SHENGHUO GUOCHENG
XIANGYAO DE YANGZI

中国纺织出版社有限公司

内 容 提 要

生活有千百种可能，总有一种是你想要的样子。活成自己喜欢的样子，那是一种美好。然而，人们总是习惯性地从他人身上寻找自己，而将自己遗忘在角落。那么，你对自己的人生有过怎样的思考？

这本节写给那些对人生之路感到迷茫的人，告诫我们每个人都要放慢节奏，学会不为外事外物牵绊，与自己的心灵对话，找到自己理想的生活，最终把生活过成自己想要的样子。

图书在版编目（CIP）数据

把生活过成想要的样子 / 邓斌编著. --北京：中国纺织出版社有限公司，2020.8（2021.3重印）

ISBN 978-7-5180-7393-1

Ⅰ.①把… Ⅱ.①邓… Ⅲ.①人生哲学—通俗读物
Ⅳ.①B821-49

中国版本图书馆CIP数据核字（2020）第076542号

责任编辑：闫 星　　责任校对：王蕙莹　　责任印制：储志伟

中国纺织出版社有限公司出版发行

地址：北京市朝阳区百子湾东里A407号楼　邮政编码：100124

销售电话：010-67004422　传真：010-87155801

http://www.c-textilep.com

中国纺织出版社天猫旗舰店

官方微博http://weibo.com/2119887771

三河市宏盛印务有限公司印刷　各地新华书店经销

2020年8月第1版　2021年3月第2次印刷

开本：880×1230　1/32　印张：6

字数：118千字　定价：39.80元

我们每个人都活在今天，但对于明天和未来，我们却从未停止过期待，因为期待与希望是我们生存的动力。对于明天所希望的生活，也许一些人会说，我希望来一场说走就走的旅行；有些人会说，我喜欢日子可以懒散点，不用着急忙慌地做事；也有一些人会说，我想有块属于自己的土地，种上自己喜欢的花花草草；也有人可能会说，我想去远方看一个朋友……其实这些就是我们的期待。对于生活，我们总是有最喜欢的样子，生活和未来有一万种可能，但总有一种是我们想要的。

我们会说“人生漫漫”，意指人生很长；也会说“须臾即逝”，意指人生短暂。其实人生不在长度而在宽度，在于我们是否尊重自己的内心，是否能勇敢地选择不一样的生活，体验不一样的人生。

米兰·昆德拉说：“生活是一张永远无法完成的草图，是一次永远无法正式上演的彩排，人们在面对抉择时完全没有判断的依据。我们既不能把它们与我们以前的生活相比，也无法使其完美之后再来度过。”的确，在我们的人生中，总有形形色色的人穿梭往来，总会发生各种各样的事，“如人饮水冷暖自知”，个中滋味，唯有自己才能体会。只有经过生活的洗礼，我们的内心才能渐渐丰盈，才能对生活有更深层次的理解。

活成自己喜欢的样子，那是一种美好。的确，尘世中的我们都想要活得快乐和自由，但我们却习惯了从别人身上找自己，而把真正的自己遗忘在角落。我们忽略了问自己到底想要什么？到底怎样才会发自内心地快乐和幸福？也许我们都应该停下脚步，好好对自己的人生进行一番思考了。

苏格拉底曾说："人生就是一次无法重复的选择。"我们都是尘世中的人，难免要经受来自生活和工作等各方面的问题，久而久之，我们似乎忘却了最应该取悦的人是我们自己。为此，我们都要记住：会令你为难的人，本身也不见得有多在乎你，如果一件事，一开始就令你不舒服，那么，越早拒绝越好；过去的事已经过去，就别再过分纠结，否则就是和自己过不去；没有人可以给你温暖，除了你自己；想要什么样的生活，都需要靠自己努力；无论今天怎样，都要满怀期待，相信幸福一定会来临，并朝着幸福的方向努力。愿我们在最好的年华里成为更好的自己，按照自己喜欢的方式过一生，把生活和未来过成我们想要的样子。

本书就是这样一本心灵智慧指南，它向我们传达了一种积极健康的生活理念，旨在引导我们打开自己的心灵，走入另一个我们未曾开启的只有自己的世界，试着帮助我们开启一种自己喜欢的人生。相信阅读完本书，你能对自己的生活有全新的认识，也会认识到如何提高生活质量，如何排解工作和生活压力，并开始热爱生活，把生活过得鲜活热闹、趣味盎然。

编著者

2020年1月

目录

第1章

成为你想成为的人，活成自己喜欢的样子

一个人从呱呱坠地开始，就在不断成长。从娇嫩的婴儿，到渐渐走向成熟，要经历漫长的过程。在此过程中，我们都在不断努力，希望成为他人喜欢的样子，但却忽视了我们最应该成为我们自身。在这个世界上，每个人都是独一无二的个体。虽然人与人是同类，但是哪怕是长相完全相同的双胞胎，也往往性格迥异。我们每个人都有权利成为自己想成为的人，活成自己喜欢的样子。只有这样。我们才能不断成长和完善自我，从而获得真正的快乐。

最重要的是，打开你自己的世界

生活中的我们，每天从一睁眼开始，都在与这个世界相处，与周围的人相处。我们都在努力进入他人的世界，试图获得他人的认同，但却很少有人学会与自己相处。正是因为如此，我们才更容易迷失自己。事实上，我们每个人都应该诚实地面对自己的内心，与自己对话，也就是打开自己的世界，按照自己喜欢的方式生活，这样方能活得肆意洒脱。

默默是一个当红明星，才二十出头的年纪就已经大红大紫，红到可以坐在家里挑剧本，但这种每天都忙于拍戏、赶通告的日子，她觉得好累。

在一期综艺节目中，她说："我的压力太大了，我感觉自己要窒息，我总是很在意粉丝和媒体对我的评论，大家看我表面虽然很红，但实际上我身心俱疲。"她的工作时间安排得很紧，如果白天上通告做宣传，晚上，还要去录音棚完成下一张专辑的录制。这样的生活超出了她可以承受的范围，每天，她都感觉到很累，但是，心中的怨气却无处诉说。最后，在内心快要崩溃的时候，她选择了暂时退出演艺圈。

这一休息就是四年，这四年里，默默做着自己喜欢的事情。她说："以前大家都是看我怎么变化，现在我是用自己的眼光来看大家的改变。虽然，现在，我年纪大了，似乎容颜变得老了一些，但年龄并不是我能掩盖的东西，我也想永远年轻，而我却懂得这就是时间给我的礼物。在我成长的过程中，我得到的最大一份礼物是不用费劲去证明自己，只需要做自己喜欢的事情，跟着自己的步伐，在以后的时间里，如果我能完全坚持自己的选择，那就是最好的生活。”

的确，对于一个偶像明星来说，年龄是一个敏感话题，四年的时间真的不短，但正是这段时间的沉淀，让她明白了今后不需要在意任何人的眼光。

最近，默默复出，在工作上，她告诉经纪人，不要拿任何事情炒作新闻，只做好一个演员的本分，这是默默享受的一种状态。

她这样告诉媒体：“我不在意任何人的眼光，我不是焦点，我只需要做自己喜欢的事情。”一个人若是过分在意他人的目光，就会以人们心目中的标准来要求自己，就会很担心自己不能让所有的人满意，害怕在做错一件事之后受到大家的责备。即便没有人会在意，但他们内心已经背负上沉重的包袱，因为太过较真，所以活得很累。

为此，我们要记住以下几点。

1. 要学会面对真实的自己

我们只有独处并经常与自己的内心对话，才能看清楚自己的真实想法，找到最本真的自我，最终了解自己到底要什么。

2.你不需要让所有的人都满意

大多数人都有这样的经历：上学的时候，父母总是指着隔壁的孩子说："瞧瞧人家，成绩多优秀，你得向他看齐。"大学毕业了，父母长辈都说："还是当个老师，或者考个公务员，这才是铁碗饭，其他的都不是什么正当的工作。"工作的时候，上司总是告诉你这样不对，那样不对。我们生活的最初点，似乎都是在让其他的人满意，而从来没有让自己满意过。事实上，我们要懂得这样一个道理：你不需要讨好所有的人，只有自己喜欢才是最重要的。

3.做自己喜欢的事情

生活中，什么是快乐？其实，快乐很简单，就是做自己喜欢的事情，如果我们太过在意别人的眼光，在这个过程中不自觉地将自己当成焦点，那只会让自己身心疲惫。因此，学会做自己喜欢的事情，享受自己的世界，没人会在意你做了什么。

4.不要给自己太大的压力

一位公司白领这样说："最近工作压力大，感觉自己越来越不快乐，脾气越来越大，老想发火，尤其是每天回家坐地铁，十分拥挤，每次都会与站在身边的人发生冲突，我也不想这样，但是，我就是快乐不起来。"虽然，工作压力很大，但是，我们还是有选择，因为更多的时候，真正的压力是我们自己给的。而压力就像是一个刽子手，它扼杀了一切快乐的因子。

5.学会释放压力

有的人总是喜欢把别人的压力放在自己身上，事事较真。例如，看到同事晋升了，朋友发财了，自己总会愤愤不平：为什么会这样呢？为什么就不是自己呢？其实，任何事情，只要自己尽力就行了，任何东西都是急不来的，与其让自己无谓地烦恼，不如以积极心态来面对，努力调整情绪，释放内心的压力，让自己的生活更加丰富多彩。

总之，如果一个人总是按照他人的标准来生活的话，那么，再平坦的路也会让他身心疲惫，最终，他会因为不堪生活的压力而走向不归路。其实，我们最应该做的是打开自己的世界，按照自己喜欢的方式生活，活出属于自己的精彩，最终成为我们自己。

你渴望得到赞赏，只是虚荣心作祟

生活中，我们发现，有些人活着就是为了得到别人的赞赏，他们太在乎自己的容貌，自己的面子，每天为了穿什么衣服、是否说错了某句话而思考良久，甚至忧心忡忡，这样的人活着很累。对此，心理学家给出的解释是，这些人之所以渴望得到赞赏，是因为虚荣心作祟，而自欺欺人就成了他们最好的慰藉。为了别人看似的美丽而活，你已经失去本色的自己。

在印度佛教的《百喻经》中，有这样一则可笑而又发人深省的故事：

有一位先生娶了一个体态婀娜、面貌清秀的太太，两个人恩恩爱爱，是人人羡慕的神仙美眷。这位太太性情温和，美中不足的是长了个酒糟鼻子。柳眉、凤眼、樱桃小嘴、瓜子脸，却长了个酒糟鼻子。上天仿佛忘记了什么，就像一位失职的艺术家，对于一件原本足以称傲于世间的艺术精品，却少雕刻了几刀，显得非常的突兀怪异。

这位丈夫虽然很爱自己的妻子，但对她的鼻子却终日耿耿于怀。一日他外出经商，路过贩卖奴隶的市场，宽阔的广场上人声鼎沸，大家都争相吆喝出价，抢购奴隶。广场中央站着一个身材单薄、瘦小的女孩子，正以一双泪汪汪的眼睛，怯生生地望着面前这些能决定她未来命运的人。这位丈夫仔细端详了一下女孩子的容貌，忽然他被深深地吸引住了。这个女孩子的容貌虽然并不出色，但她的脸上长着一个端端正正的鼻子，鼻子的线条十分美丽，他立刻决定要不惜一切代价买下这个女孩子。

这位丈夫最终以高价买下了这个长着端正鼻子的女孩子，他兴高采烈地带着女孩子日夜兼程地往家里赶，想给心爱的妻子一个惊喜。到了家中，他把女孩子安顿好之后，用刀子割下女孩子漂亮的鼻子，拿着血淋淋的还温热着的鼻子，大声喊道："夫人，快出来！你看我给你买回来的最宝贵的礼物！"

“什么宝贵的礼物啊，看你这么大呼小叫的！”太太不解地应声走出来。

“看，我为你买了个多么端正美丽的鼻子啊，快戴上看看。”

丈夫说着，忽然抽出怀中锐利的尖刀，朝太太的酒糟鼻子砍去，太太的酒糟鼻子掉落在地上，丈夫连忙用双手把端正的鼻子安在妻子的伤口处。但是无论丈夫如何努力，那个漂亮端正的鼻子始终无法贴在妻子的鼻梁上。

可怜这位妻子，既得不到丈夫苦心买回来的端正而美丽的鼻子，又失去了自己那虽然丑陋但却是货真价实的酒糟鼻，还受到无端的刀刃创痛。而那位丈夫的愚昧无知，更是叫人觉得既可怜又可恨。

玛乔里说：“不要为得到别人的赞美而活着，要让自己感到骄傲，才是真正的人生。惧怕别人看到自己的短处，这不过是一种虚荣心而已。”

俗话说：“金无足赤，人无完人。”人生确实有很多不完美之处，完美只在理想中存在。生活中的遗憾总是与你的追求相伴，这才是真实的人生。人不应过分地奢求不属于自己的东西，不要让追求完美成为生活中的苦恼。

要摒弃虚荣的完美主义，需要我们摆正自己的位置。那么，如何才能摆正自己的位置呢？毋庸置疑，准确到位的自我认知和客观公正的自我评价，是摆正位置的先决条件。尤其是在做难而正确的事情时，我们就更要果断选择、决绝放弃，如此才能争取宝贵的时间占据先机，从而才能以优势获取成功。摆正位置说起来很容易，但是真正做起来却很难。必须时刻牢记的是，我们首先应该认清楚自己的内心，知道自己想要达到怎样的人生目标，然后才能认准目标勇往直前。否则，当我们把宝贵的时间浪费在毫无意义的事情上，就会让时间白白溜走，也不可能拥有充实丰盈的人生。

相信奇迹会发生，才能真的创造出奇迹

对于未来，我们常常抱有很多美好的愿望，并且我们深知，要想拥有自己想要的生活，就要付出努力。这是一个不断蜕变的过程，只要我们坚持付出，就会得到应有的回报。

要知道，在创造美好未来的过程中，最重要的因素是来自我们内心的真实想法。可以说，每个人都有自己特别的天分，在工作、生活中都能展现出聪明睿智、创意十足的一面，可若是在创造未来的过程中没有真正了解自己内心的真实想法，没有坚定的信念相信奇迹会发生，那么一切好运与成功都会落空。

每一个取得成功的人都知道，他们之所以能够成功是因为他们战胜了一切反对的意见，坚持住自己的想法并将它付诸实践。就像詹姆斯·亚伦在《当人思考时》一书中说的那样，“坚持着一串特殊的想法，不论是好的是坏的，都不可能不对

性格和环境产生一些影响。人无法直接选择环境，可是他可以选择自己的想法，这样做虽然间接却必然会塑造他的环境。”那么，我们的想法到底是能成为闪闪发亮的钻石，还是不值一钱的碎石，除了靠别人赏识外，最重要的就是先要坚定地相信自己，用尽全力去努力拼搏，这样才能真正创造出别人口中的“奇迹”。

这是一个关于奇迹的故事。

很多年前，有一位19岁的年轻人正在念大学，他聪明、勤奋，更重要的是，他坚信自己的努力付出能够得到应有的回报。有一天晚上，他吃完晚饭后，如往常一般开始思考导师给他布置的作业。导师认为他是一个极具数学天赋的人，所以总会给他安排一些拔高难度的习题。和往常一样，年轻人很快就完成了前面的题目，但是在面对最后一道题时，他感觉难度很大，若按照寻常的方法将无法解出答案。

这道题要求他用圆规和一把没有刻度的直尺做出一个正十七边形的图案来，他从来没有遇到过这种类型的难题，经过一段时间的冥思苦想，他还是没有找到解开难题的方法。接下来要怎么办？放弃解答，明天去问导师解题的思路？不，年轻人否定了这种想法，他相信世界上没有解不开的难题，只是自己没有找到解答的方法而已。后来，他改变了思考方法，边画边想，脑中充满了很多非常规的思维。经过一夜的思考战争，他终于在纸上画出了一个非常标准的正十七边形图案，年轻人非常的兴奋。

第二天一早，年轻人将自己的作业交给导师，并对他说：“老师，最后一道题非常的难，我用了一个晚上才做出来，但我很兴奋，这就是数学的魅力，如果可以，您再给我出些这样的题目。”听完他的话，导师惊呆了，一边翻看他的作业，一边不可置信地问：“这是你自己完成的吗？独自完成的？”年轻人肯定地点了点头，导师早已掩饰不住内心的激动，他无比高兴地说：“简直难以置信，你竟然用一个晚上的时间解决了这个两千年多来悬而未决的难题，要知道，阿基米德没有做出来，牛顿没有做出来，包括我自己也没有做出来，这是一个奇迹，你真是一个难得的天才。”

后来我们都知道了，这个年轻人就是德国著名的数学家、物理学家、天文学家、大地测量学家约翰·卡尔·弗里德里希·高斯。多年后，当高斯忆及这段往事时，仍感慨万千地说，如果事先导师告诉他，这是一道悬疑两千多年的数学题，他恐怕用十年的时间也未必做得出来。

每个人都希望自己能够取得成功，但却从没想过要先从改变自身做起。天下从来没有免费的午餐，正所谓一分耕耘才能有一分收获，如果你希望拥有一番成就，就必须先具备能像成功者一样思考问题的态度。要知道，相信奇迹会发生，才能创造真的奇迹。而有时，相信奇迹会发生的信心比金子更宝贵。纵观各行各业的成功人士，他们有不同的背景、不同的能力、不同的技术，但唯一相同的就是都具有相信自己一定能成功的信心，他们也从没有质疑过这个事实。因此，他们无法理解为何有人会半途而废，他们也很难明白别人为何总是失败，因为对他们来说，成功的秘诀很简单，就是坚信自己的努力将获得回报，奇迹一定会发生。

你可以选择你想要的人生，你可以虚度时光、浑浑噩噩，也可以奋发图强、力图振作。你可以推翻所有过去生活的节奏，也可以转换当下的思维模式，对自己的行为有所修正，不放弃、不放纵，相信自己一定能成功，让自己的言行慢慢变成良好的人生习惯，那么你的命运也将改变。

现在开始也不算晚，一个好的故事可以单纯地欣赏，也可以当作改变自己的契机。当你知道自己需要改变的地方，并致力去改变它时，你就成为一个有勇气又明智的人。要记住，欲望可以提升自己，毅力可以磨平高山，相信奇迹，才能创造真的奇迹。

现代社会，尤其是对于年轻人而言，梦想泛滥，各种心灵鸡汤层出不穷。然而，任何别人的故事都只是故事而已，我们唯有创造自己的传奇，才能实现自己的梦想。朋友们，与其当别人成功的看客，不如从现在开始就刻苦努力、坚韧不拔，每天坚持付出一点点，等到随着时间的推移积累到一定的量时，我们就能实现质的飞越。也许在坚持的过程中，我们的人生还会有意外的惊喜呢!

永远相信自己，满怀希望

高尔基有句名言：“只有满怀自信的人，才能在任何地方都把自信沉浸在生活中，并实现自己的意志。”古往今来，成功人士虽然从事不同的职业，具有不同的经历，但有一点是共同的，那就是：他们对自己都充满自信，由此激励自己自爱、自强、自主、自立。

事实情况是，一些人常常会模糊自己真实的内心想法，习惯于在心理上给自己设限。这样不仅无法释放潜能，反而会产生一种挫败感，导致最后还没有翱翔于蓝天就落地了。如果习惯了自我设限，那么心就会失去向上生长的动力，只能在被束缚的范围里挣扎、无助。所以，不管你遭遇了什么样的挫折，都不要随便否定自己，否定自己就意味着扼杀自己的潜力和希望。

有一次，我的助手生病了，她无法像往常一样给我准备课程了。但是我需要一个助手，于是我想在课堂上寻找一位学员来代替她的工作。快要下课时，我随便点了一位坐在第一排的女学员的名字，希望她能暂时做我的助手。令人遗憾的是，这位女学员含蓄地拒绝了我。

当时，我并没有想太多，当即决定另外找一位学员。但是，这位女学员却感到非常内疚，她在课后找到我说：“卡耐基先生，我非常抱歉，说实话我其实很想给您帮忙。”听到这样的话我觉得很惊讶，便非常好奇地问："可是，你最后还是拒绝了。"这位女学员显得十分难为情："我这个人很笨拙，记忆力不好，像我这样的能力估计不能帮忙，反而会给您徒增麻烦。"

案例中，这位学员并不知道一个道理：每个人身上都隐藏着巨大的、无限的潜能，简单地说，你所能做到的事情远比你想象的要多。很多人总是以自卑的心态来估量自己的能力，总认为自己的能力不够，怯于尝试，导致自己潜在的能力无法真正得到发挥。当然，这是不少人无法释放自己潜能的确切原因。

在生活中，许多人不敢追求成功，原因并不是追求不到成功，而是他们在还没有开始追逐之前就在心里默认了一个"高度"，这个高度常常暗示自己：成功是不可能的，这个是没办法做到的。"心理高度"成为人们无法取得成功的根本原因之一，自我设限是一件很悲哀的事情。所以，我们要将成功的信念注入血液之中，不断地告诉自己"我能行""我努力就一定能成功""我是最优秀的"，以此不断增强自信心，从而向成功奋进。

当然，我们作为生活中的普通人，也许没有一定要成功的诉求，但我们每个人，要想把生活过成自己想要的样子，最重要的就是要有自信，相信自己一定能做到，否则，就是自我设限、自怨自艾。

其实，当我们企图与整个世界对抗时，不如认真地反思自身。对于任何人而言，最大的敌人都是自己。既然如此，与其耗费时间和精力试图改变别人、改变世界，不如从现在开始尝试着努力改变自己。这样就能减少那些徒劳的无用功，让结果变得事半功倍、卓有成效。

很多时候，我们在与人打交道的过程中，同样也需要自信。试想，如果一个人自己都不相信自己，别人又怎么会相信他呢？自信，是赢得别人信任的先决条件。自信的人有着与众不同的魅力，他们勇敢而又果断，处事不惊，有自己的想法和决断力，从不动摇。这种魅力吸引着大家聚集到他的身边，与他同心协力，走向成功。

冯凯是一名新闻记者，他口齿伶俐、文笔了得，在单位很受重视。但谁曾知道，他以前患有口吃毛病呢。

冯凯的口吃是有原因的。冯凯从小和奶奶在河南老家长大，他的父母都在北京工作。直到冯凯6岁的时候，才被父母接到北京生活。然而，冯凯一口河南话，让他入学之后经常被同学们嘲笑。渐渐地，年幼的冯凯产生了自卑心理，一张口说话，就会非常紧张，最终变成了一个小结巴。后来，冯凯就很少说话了。课堂上，他从不主动举手回答老师的提问；课间，他也不和同学们玩，而是一个人默默地坐在那里看书。直到初中时代，冯凯的普通话才有所改观，不过依然有着河南口音。

为了帮助冯凯树立自信，爸爸妈妈为他报名参加了夏令营。正是这次夏令营，让冯凯找回了自信，再也不自卑，最终成长为优秀的新闻记者。

在那次夏令营中，冯凯被老师指定担任“连长”。要知道，连长负责管理二十多个调皮捣蛋的孩子。这让冯凯受宠若惊，他暗暗告诉自己：我一定不能辜负老师的信任，一定要当好连长，带领大家在比赛中夺得好成绩。果然，冯凯再也不顾忌自己的河南口音普通话，而是义无反顾地带领着连里的战友们往前冲。不管任务多么艰巨，他都一马当先，吃苦在前。最终，他们连在那次夏令营结束的时候，被评选为“尖刀连”。即将离开夏令营的冯凯问老师：“老师，你为什么把那么艰巨的任务交给我呢？”老师抚摸着他的头，说：“因为，你可以胜任这份工作。”从此，冯凯相信自己具备很多优秀的品质，能够担当重任。他，找回了自信。

一次夏令营，改变了冯凯的一生，从此他变成了一个自信的人。自信的力量就是如此强大，自信的冯凯带着队友们冲锋陷阵，一马当先，形成了很强的团队凝聚力，所以才能夺得“尖刀连”的荣誉称号。

的确，对于人生而言，最大的乐趣莫过于通过自己的拼搏和奋斗得到自己想要的一切。因此，我们无须为了自身存在的缺憾而感到遗憾，因为我们还有很长的时间可以改变和完善自己。我们也无须羡慕别人拥有得比我们更多，因为在看不到的地方他们一定付出了加倍的努力。命运掌握在我们自己手中，对于任何人而言，最大的敌人都是自己。我们只有坦然超越自己，才能真正把生活过成自己想要的样子。

你只有足够努力，才能过上想要的生活

生活中的你，是否羡慕这样的生活：在宽敞明亮的房间内，为家人做着早饭，父母窝在舒服的沙发上看着电视，孩子在书房练习钢琴，爱人下班后给你带来心爱的礼物。这样的生活，大概是很多人想要的。然而，要想过上这样的生活，需要我们的努力，在年轻时拼尽全力去奋斗。

但是，很多人的人生都被局限在方寸之间，局限在职场的格子间。为此，我们只能踩着脚下的土地，看着头顶上那小小的一片天空，却不知道土地之外还有土地，天空之外还有天空。如此局促的人生，必然导致我们视野狭窄，根本无法打开人生的广阔天地，更别说过上自己想要的生活了。其实，正如《感恩的心》中所唱的，“天地虽宽，这条路却难走，我看遍这人间坎坷辛苦”。人生之路从来不是一帆风顺的，任何人的人生都不能彻底摆脱苦恼。

所以，在漫长而又短暂的人生中，我们必须想方设法让自己过得更好，也让我们身边的人充满希望。唯有如此，我们才能更加从容地应对人生，也才能避免因为那些小小的困难就放弃人生的希望。

的确，我们不少人总是羡慕他人的荣耀和光环。其实，要想让自己获得进步，我们更应该发愤努力，这样我们才能在流过汗流过泪之后，有机会赢得自己想要的生活。除了要付出努力之外，我们还要学会坚持。很多人之所以与失败结缘，就是因为他们总是半途而废。要知道，任何成功都不是一蹴而就的，通往成功的道路是漫长的，通往成功的道路也必然艰辛，我们唯有不遗余力地战胜困难，挑战和超越自我。

作为贫穷的黑人家的孩子，福勒年仅5岁就开始劳动养活自己。与福勒一同玩耍的孩子中，绝大多数都出生于佃农家庭，他们和福勒一样小小年纪就开始凭借自己的双手劳动养活自己。不过，他们之中没有任何人抱怨命运，他们从不幻想自己出生在富裕的家庭，而是对命运的安排安之若素。这一点，福勒和他们截然不同。原来，在母亲的启发下，福勒从小就对现状不满，不甘于这样过一生。母亲时常告诫福勒："福勒，人并不是生来就要受穷的。我不想让你认命，也不是上帝让我们永远受穷的。要知道，上帝愿意他的每一个孩子都过上富裕的生活，而我们之所以贫穷，只是因为我们从未想过要改变生活、发家致富。在此之前，我们家里的每个人都甘于贫穷，我们必须改变，从你开始，否则连上帝都无法帮助我们。"

福勒虽然年纪尚小，但是对于母亲的话却印象深刻。他听从母亲的意愿，决定要经商，以最快速的方法赚取钱财。思来想去，因为缺乏本钱，所以福勒决定从推销肥皂开始做起。从那之后，他在整整12年的时间里，始终在挨家挨户地推销肥皂。

一个偶然的机会，福勒听说有家肥皂公司要拍卖，他似乎看到了发财的机会正在向着自己招手，因为他在12年的时间里已经积累了丰富的销售经验，也为自己树立了良好的口碑。就这样，福勒从朋友那里借了很多钱，再加上自己此前所有的积蓄，并且从投资公司借款，最终依然差一万美元才能成功购买肥皂公司。夜深人静，无计可施的他绞尽脑汁，在街道上走来走去。突然，他看到有家公司还亮着灯，便径直走进去，问那个满脸疲惫、伏案疾书的职员："你想赚到1000美元吗？"那个职员不知所以地看着福勒，点了点头。于是福勒讲明自己的事情，并且向对方承诺："如果你愿意开一张一万美元的支票给我，我在还钱的时候，将会额外支付你1000美元的利息。"对于职员而言，这个办法并没有太大的风险，难度也很小，因此他当即表示同意。就这样，福勒成功收购肥皂公司，此后还成为一家报社以及其他七家公司的股东。他大获成功，彻底改变了自己以及整个家族的命运。

当记者采访福勒如何获得成功时，福勒说："要知道，上帝愿意他的每一个孩子都过上富裕的生活，而我们之所以贫穷，只是因为我们从未想过要改变生活、发家致富。"

这正是若干年前母亲告诉福勒的话，这么多年来，他始终把母亲的话记在心中，所以才能够改变命运、发家致富。的确，上帝没有安排他永远贫穷，但前提是他自己必须想要发家致富，这样上帝才能偏爱他，给予他更多的机会改变命运，收获成功。

因此，生活中的人们，如果你出身贫寒，也没有结交到好运，请不要抱怨，在关注成功者时，与其关注成功者的光环和荣耀，不如更用心地了解成功者曾经的努力和奋斗的过程。要知道，我们唯有不懈努力，与命运博弈，才能迎来人生的契机。

在通往成功的路途上，任何的抱怨都无济于事，任何的借口都是白搭，唯有努力才是真刀实枪的本事。努力的人，不用去寻找好运，因为他自己就是好运。越努力越好运，这确实是一个成功的奥秘。努力本身带给我们有益的东西远远大于成功，在努力的过程中，不断磨炼、不断尝试，到成功那一天，所有的努力都会聚沙成塔，成就自我。

你知道吗？风往哪个方向吹，草就往哪个方向倒。我们要做风，即便最后遍体鳞伤，但也会长出翅膀，勇敢地飞翔。努力吧！在奋斗路上的人们。一个人如果缺少棱角、缺少勇气，无法选择走自己的路，那他只能成为被风吹倒的草。所以，大胆走自己的路，凭借自己的努力，总有一天，你可以过上自己想要的生活。

第2章

最重要的是什么？每天开开心心

我们都知道，人生短暂，须臾即逝。我们赤条条地来到这个世界，最后也要赤条条地离开，曾经生活过的、追求过的、创造过的，都无法跟随自己到另一个世界。人唯一能做的，就是在当时当刻，以最真最快乐的心情，做自己喜欢做的事，享受当下的每一分每一秒。

每天醒来第一件事就是给自己一个微笑

人生在世，短短数十载，我们穷其一生，无论做什么，终极目标都是快乐。我们所说的把生活过成自己喜欢的样子也是获得心灵的愉悦。那么，什么是快乐呢？

一般字典上对快乐下的定义多半是：觉得满足与幸福。德国哲学家康德则认为："快乐是我们的需求得到了满足。"的确，快乐是一种美好的状态，也就是没有不好或痛苦的事情存在，你觉得个人及周围的世界都挺不错。然而，与快乐相伴相生的，还有痛苦，快乐与痛苦，是生活中永恒的旋律。谁也不敢保证自己时时刻刻都是幸福和快乐的，我们应看重的不是几何痛苦，几何欢笑，而是内心对痛苦和欢笑的选择。你选择快乐，快乐自然就会选择你。

要想获得快乐的方法有很多，最简单快捷的是要从每天起床开始就给自己一个微笑，告诉自己我很快乐，那么，你这一天都是快乐的。

常言道，一年之计在于春，一天之计在于晨。对于一个人而言，每天早晨的好心情，往往决定了一天的好心情，所以在早晨醒来之后，我们要做的就是远离起床气，不要愁眉不展，而是要睁开惺忪的睡眼，给镜子里的自己一个真诚的微笑。也许有些朋友会觉得这是形式主义，殊不知，这样的形式如果做得好，会让我们一天都眉头舒展，心情美美的。

在某大学，有一位60多岁的客座教授，他谈吐幽默风趣，专业知识精深。但是，给学生印象最深的却是他每一次进教室都精神饱满，面带笑容。这些学生不禁产生这样的疑问：教授为什么总是感到如此幸福，难道生活就没有什么不顺心的事情吗?

课程结束之后，一位学生向教授表达了自己的感激之情，同时，提出了一直存在心中的疑问。头发花白的教授笑了笑，说："其实，我也有很多难过的事，前些天，老伴在一次车祸中走了，孩子又在外地工作，我一个人在家里很孤单，一开始我特别难过，但是有一天我想起老伴生前说的一句话：'无论怎样，每天早上起来都要对自己微笑。'我豁然开朗，原来她最大的愿望是希望我快乐。所以，现在，我重新走出家门，继续执教，教师这份职业让我感到快乐。能给别人带去快乐，我自己也感到很幸福。"

在生活中，我们常常会感到悲伤、烦闷，总认为幸福是一种奢侈品，难以把握。其实，只要我们学会了积极的心理暗示，幸福就是触手可及的。

不得不说，对于人生的每一天而言，也许会有很多重要的时刻，但是每天早晨起床后和晚上入睡前这两个时间，却是非常重要的时刻。这就像是语文里常用的括号一样，我们每天的早晨是左括号，晚上是右括号，如果开头和结尾都很愉快，那么我们这一天之内哪怕面对一些困难和突发的意外，也能够顺利解决，也就不会把坏心情带到入睡。同样的道理，我们也唯有早晨起床就拥有好心情，接下来这一天的心情才会拥有愉快的基调，从而心情愉悦。

大名鼎鼎的作家梭罗，每天早晨起床之后的第一件事，就是告诉自己能够活着是非常幸运的事情，从而让自己对于生活心怀感激。实际上，我们每个人都应该对于生命心怀感激，哪怕命运赐予我们再多的磨难，我们也应该为自己每天能够呼吸到新鲜的空气、闻到花朵的香味、吃到美味的食物、感受阳光的照耀而窃喜。

实际上，命运并不总会对一个人残酷，每个人都能够得到命运的青睐，感受到生命的美好。每天清晨醒来，看到从窗帘中投射过来的阳光，我们会庆幸自己依然活着，也会感受到人生的美好。和朋友相处，哪怕是朋友一句漫不经心的关切，也会让我们感到丝丝温暖。偶尔帮助了一个需要帮助的人，我们会更加深切地感受到自己存在的价值。总而言之，生命的意义在于我们的一举一动，我们唯有满怀感激地面对生活，也从不因为命运的残酷而抱怨，或者心生放弃之意，我们的人生才会更加丰满和厚重。

我们每个人，为了更好地接纳和拥抱生活，必须学会遗忘那些不愉快的过往。每天早晨醒来后都对着镜子里的自己微笑，每天晚上入睡前，也能怀着愉快的心情。总而言之，要想成为一个快乐的人，我们必须学会遗忘过去，从而更好地拥抱未来。尤其是对于那些生活的琐碎之事，我们更要坚决果断地与其说再见，而不要让那些情绪的垃圾堆积在自己的心里，导致自己郁郁寡欢、悲观厌世。

实际上，每个人自打来到这个世界上，就已经学会微笑，但随着年龄的增长，随着周遭事物变得复杂，我们似乎已经忘记自己的这个本能，我们总是会给自己找一些借口：职场人士说自己每天需要应付很多工作；领导者总说自己为企业的事操碎了心……尤其在陌生的环境里，微笑最容易被我们忽略。

朋友们，从现在开始就让快乐充满我们的心灵，也让我们的脸上始终挂着微笑吧。微笑，愉悦的不但是我们自己，也有他人。甚至当我们满面微笑，我们身边的人也会感受到积极向上的力量，感受到你是快乐的、有趣的，从而与我们更加亲近起来呢！

努力做真实的自己，不必刻意伪装

我们都知道，我们所生活的社会是一个讲究包装的社会，在这样的环境下，一些人“把自己摆错了位置”，总要按照一个不切实际的计划生活，总是希望自己能成为他人眼中完美的人。于是，他们总要跟自己过不去，所以整天闷闷不乐。而快乐的人之所以快乐，就是因为他们能正确地认识自己，从而摆正自己的心态，他们懂得享受生活，把握当下。事实上，我们每天都可以做自己喜欢的事情，不在乎表面的虚荣，凡事淡然、不苛求，那么，快乐、幸福就会常伴我们左右。

很多时候，我们会特别羡慕那种所谓的“好人缘”，似乎每个人都能与他聊到一块去，他说的每一句话，做的每一件事，都是以大家的眼光为标准。在公司，上司说这个方案不行，他一句话不说，马上改成了上司喜欢的方案；挑剔的同事说，你今天的打扮好像不太和谐，第二天，他就真的换了一套同事眼中的服饰；在家里，爸妈说，你新交的朋友没有固定的工作，他就真的决定与朋友分手，重新找了一个能让父母觉得满意的朋友。在这个过程中我们会发现，自己不过是因为太在意别人的目光而讨好身边的人而已，我们已经逐渐失去自我。

如果自己都不喜欢自己，别人怎么去喜欢你？人活着是为了活出自己。

“我坚持我的不完美，它是我生命中的真实本质。”热爱自己是一个人获得幸福的起点。不论在什么时候，在何种情况下，你都需要全面地接受你自己，因为只有这样你才能够更加安心地对待自己。

人有一种奇怪的心理，总是更喜欢自己没有得到的东西，对上天赐予的、属于自己的却不会过分珍惜。因此，人总会出现新的需求，不管得到了什么，都会不满足，不断有新的欲望产生。但不管怎样，你要努力做最真实的自己。

有这样一个女人，她对自己的脸蛋非常不满意，就跑到一家美容店准备整容。

第一次手术之后，女人隔一会儿就对着镜子看已经明显变化的自己。但看着看着，女人就觉得自己的脸蛋还是不够漂亮，于是又来到了美容店。

第二次手术之后，女人高兴得乐翻了天，逢人便炫耀自己的脸蛋有多么的迷人。但没过几天，女人就感觉脸蛋有些变样儿了，于是就又来到了美容店。

……

就这样，女人几乎都在重复着前两次的情况：刚做完整容手术的时候，老感觉自己就是西施下凡、貂蝉在世，但过几天就觉得还是不够完美，只好再次去做整容手术。

如此折腾了8次之后，女人看着自己以前的照片，比对着现在镜子中“面目全非”的脸蛋，突然发现还是以前的自己最为完美。

于是，女人就求做整容手术的医生：“医生呀，您还是把我恢复到以前的模样吧！”这下子，做整容手术的医生可头大了：妈呀，这个女人是不是神经病啊，怎么整容手术做着做着又要求恢复到以前，哪有那么容易的事儿？

在女人的苦苦哀求之下，医生还是心软了，就试着一点一点地把女人的脸蛋往以前的模样进行恢复——历时2年，手术8

次，女人总算回到了从前的自己。

这下子，女人高兴了，逢人就感叹道：“哎呀，整容来整容去，还是原来的自己最美丽嘛！”

古人云：金无足赤，人无完人。试着去接受你自己的一切吧，也许在刚开始的时候你会焦灼不安抑或是如履薄冰，但很快就会全身放松进而舒畅惬意了。如此下去你会发现：自己原来也是如此优秀！

如果自己都不喜欢自己，别人怎么去喜欢你？人活着是为了活出自己，你或许会在乎别人对你的看法，但是每个人的眼光不同，看法也就不同，只要自己喜欢，何必在乎那么多。任何事物的发展都有一个循环，今天不美不流行的东西，明天可能就风靡世界。所以做自己最好，你就是你，身体发肤受之父母，接受自己才能有更多的精力去做其他事情。并且我们可以给自己积极的心理暗示，告诉自己我是最美丽的，我是最棒的，那么你就会越来越漂亮，越来越自信。

心理学家经常也在质疑：美丽有标准吗？要知道，众口难调，你不一定要让每个人都喜欢你，但是一定要接纳真实的自己，不要陷入偏执的寻找中，不要拿别人眼中的美丽与自己比较。

卡耐基说：“你见过一匹马闷闷不乐吗？见过一只鸟儿忧郁不堪吗？之所以马和鸟儿不会郁闷，是因为它们没那么在乎别的马、别的鸟儿的看法。”在生活中，许多人太在意别人的目光而失去了自我，这简直是得不偿失。当然，我们作为社会人，生活在各种各样的关系中，完全不在意别人的目光那是不可能的。事实上，我们对自己的评价，很多时候是需要借助别人对我们的看法而作出的。

因此，对于别人的目光，我们需要考虑，但并不能过分地注重，否则，你就会感觉到自己活得很累。你总是在想别人是怎么看待自己的，你总是通过别人的目光来修正自己，到最后，你会完全失去自我，从而变成一个别人眼中的自己。更为严重的是，你将变得闷闷不乐、忧虑不堪，你完全失去了心灵应有的轻松与快乐。

在生活中，不管是一个什么样的人，不管这个人做不做事，是少做事还是多做事，做的是什么事，他都会招来别人的看法和评价。而对于那些目光和议论，有的人会把它作为自己行动的标准，他们很在意别人是怎么看待自己的。所导致的结果是，他们在做事情时畏首畏尾，把自己搞得很紧张，好像自己在为别人而活似的。

其实，你根本没有必要这样，因为我们既不是演员，又不是在表演，我们的目的就是要做好自己的事情，又何必苛责自己，活成别人希望的样子呢?

珍惜每一天的时间，做最好的自己

我们都知道，在这个世界上，从来就不会有“天上掉馅饼”的美事，即使真的有，你也要因此而付出一定的代价。生活中，多少人梦想着一夜致富或一夜成名，但是，那不过是痴人说梦，不努力又怎么会有所获得呢？相反，那些真正富有、成名的人，在他们光鲜的背后有着不为人知的艰辛付出，要知道，成功的道路从来不是平坦的，而是坎坎坷坷、荆棘满地，而成功唯一的途径就是不断努力、勇往直前，每一天都做最好的自己。

懒惰是最大的罪恶，上帝永远保佑那些起得最早的人。只要你把握好当下的每一天，珍惜时间，努力提升自己，把所有的设想、计划、要求、标准都付诸行动，你的人生境界就会获得 一个质的提升。

同样，我们生活中的每一个人，对于自己的未来，都要满怀信心，并树立伟大的理想。理想能指导行动，让你的努力都有一个明晰的主线，但对于未来的憧憬，你必须落实到今天的努力中。如果你每天都在展望自己的未来而不踏实工作、生活的话，那么，只能让心智沉浸其中，只会陷入人生的陷阱。

有首古诗说得好，“明日复明日，明日何其多；我生待明日，万事成蹉跎”。我们任何一个人，都应该着眼于当下，只有把每一天过得实在有意义，把每一天的学习任务及时完成了，才能在每一天悄悄地成长，慢慢地成熟。当你回过头来的时候，你会惊讶地发现，原来自己的每一天过的是这样的充实，你会为自己感到骄傲和自豪。

晓华自从结婚有了孩子后，为了照顾家庭，她就放弃了自己的事业，辞职回到家里专心相夫教子。转眼之间，三年过去了，孩子已经两岁半，晓华把孩子送到幼儿园后，才发现自己的生活多么空虚。

每天，她送完孩子就去超市采购，回到家里打扫卫生，除了闲暇时候看看电视剧之外，她就只能做好饭等着丈夫回家享用，除此之外，根本没有任何兴趣爱好。意识到这一点之后，晓华觉得很有危机感，归根结底，她还年轻，孩子终究会长大，而丈夫的事业也做得风生水起。

晓华当机立断，针对自己的旅游专业，报名参加了一个培训班，她想转行做管理，毕竟有了孩子之后再也不能带团一走就是半个月了。在孩子刚上幼儿园的半年时间里，晓华一边帮助孩子更好地适应幼儿园生活，一边每天挤出时间来学习。等到孩子的幼儿园生活进入正轨后，她也如愿以偿地找到了新工作。看着晓华转眼之间摇身一变，从全职主妇变成时尚达人和白领，丈夫不由得对她刮目相看，真心地说："亲爱的，我能够娶到你可真是三生有幸，古人云'出得厅堂，入得厨房'，一定就是说的你。"如此一来，晓华不但重新开始了自己的事业，也赢得了丈夫极大的尊重和爱。

在这个事例中，晓华和很多蓬头垢面的家庭主妇不同，她虽然为了孩子牺牲了自己的事业，但是她并没有放弃学习。尤其是在意识到自己这样会和生活、社会脱节，也会与丈夫之间形成不可弥补的差距之后，她马上就开始学习，努力充实自己，也为自己再次融入社会做好准备。所以，晓华才能得到丈夫真心诚意的敬爱，也才能为自己的人生赢得更加美好的未来。现代社会，知识改变命运这个道理早已毋庸置疑，时代正在急速发展，各种技术日新月异，已经对生活在这个时代的人提出了新的学习要求。但无论何时，勤奋永远是我们应该摆在第一位的学习态度。如果你没有时刻学习的意识，不通过学习了解、掌握新技术，那么你跟不上时代的发展是必然的。

为此，你必须做到以下两点。

1.紧紧抓住时间骏马的缰绳

一个人只有珍惜当下、充分利用好当前的时间，才能真正做到把每一天都活成自己想要的生活。只是置身于对未来的向往中，看似珍惜时间，实则是在浪费生命。要知道，未来再美好，若不注重脚下的路，那么，你也走不到未来。

2.科学地安排好时间

会安排时间的人，会把最重要的事安排在头脑最清晰的时间段去做，这样，效率就会事半功倍。俗话说“好钢用在刀刃上”，在时间的安排上亦是如此。

我们每个人，若想获得一个成功的人生，不仅要积累基础知识，更要修炼成功的素养。心态改变命运，活好当下，全身心投入你现在的生活和学习中才是基础。未来靠的是现在，现在做什么、怎样做，要达到什么目标，才能决定未来是怎样。因此，你要记住，不要急功近利，努力、认真过好每一天，明日自然就会来到。如此持之以恒，五年、十年过去后就会结出硕果。

在当今这个生活节奏紧凑的年代里，人们每天似乎都没有充裕的时间去做完想做的事，所以许多念头就此打消了。但世界上仍有许多人坚持每天至少挤出一小时的时间来发展自己，这些人取得成功的概率往往比别人大。

做着自己喜欢的事情，便是莫大的幸福

有人说，人生就是一个不断选择的过程，平庸与精彩，完全不同的生活，截然相反的人生，人生的归宿，完全是你自己选择的方向所决定的。选择不同，结果不同，人生也必不相同。而有趣的人生，就是来自一个按照自己的喜好选择的结果。

生活中，我们常听到人们说“人生苦短”。每个人都希望获得幸福，但大多数人的一生，要求其实很简单，做着自己喜欢的事情，便是莫大的幸福。然而实现它却并不容易。怎样才能实现？只要我们遵从自己的内心、坚定地按照自己选择的方

向走下去，未来一定可期。

菲尔·约翰逊的父亲拥有一家洗衣店，由于父亲想要子承父业，所以在店里给约翰逊安排了一份工作。但是，菲尔·约翰逊一点也不喜欢洗衣店的工作，他每天都在店里偷懒、晃荡，只要做完自己份内的工作，其他的事他就撒手不管。有时候，他干脆玩失踪，根本不来店里上班。约翰逊的父亲觉得儿子真是没出息，在那么多员工面前，儿子真是将自己的脸丢光了。

有一天，菲尔·约翰逊主动对父亲说："我想去一家机械工厂做个技工。"出去当工人？难道儿子想走自己曾经走过的老路吗？父亲非常震惊，他坚决不同意。不过，习惯我行我素的约翰逊才不管父亲反对的意见，他依旧穿着沾满油渍的工作服去工作。在机械厂，约翰逊比在洗衣店努力百倍地工作。尽管机械厂每天的工作时间很长，不过菲尔·约翰逊吹着欢快的口哨就可以度过快乐的一天。渐渐地，约翰逊发现自己喜欢上了工程学，他开始认真研究各种发动机，在他的生活中只剩下与各种机械一起相伴。

1944年，菲尔·约翰逊去世。不过，此时，约翰逊已经是波音飞机公司总裁，正是他研究制造出来的"飞行堡垒"使得美国赢得了战争。

约翰逊喜欢机械，他并没有因为父亲的期望而改变自己最初的想法。假如他不喜欢自己的生意，就有可能让自己的生意溃败。假如约翰逊当时留在了父亲的洗衣店，后来，他和父亲的洗衣店会怎么样呢？我想在父亲去世之后，这门生意应该就会随之毁掉了，那家曾经的洗衣店也早就关门了。

纵观古今中外，许多有成就的人，大多从事的是自己喜欢的工作。郎朗开心地弹着自己喜欢的钢琴，成功地在国际乐坛上掀起了一股“郎朗旋风”；爱迪生在自己钟爱的科学国度里驰骋，发明了震撼世界的电灯；巴尔扎克在自己饶有兴趣的文学领域笔耕不辍，最终成为一代文学巨匠。

人只要活着，就要做事，人生的过程可以说就是一个做事的过程。但做事与做事不一样，有些事是你喜欢做的，有些事是你不喜欢做的。喜欢做的事，你做起来会很主动、很卖力；不喜欢做的事，你做起来就缺乏激情，总感觉那是一种负担。不过，也正是因为这样的区别，才把幸福和不幸区分开来。

有的人说：“人生有太多的身不由己，很多事，是你无法改变的，我们只能试着去适应。”的确，人生有很多的无可奈何，不是你想改变就能改变的，可人生还有很多事，是你明明可以改变，却不曾尝试着去做的。如果工作只是你糊口的工具，那从事自己喜欢的职业，你就没办法生活下去了吗？

智者说：“人生好似一个布袋，等扎上口的时候才发现，里面装的都是遗憾，还有许多没来得及做的事。”不能做自己想做的事，这样压抑的人生，处处都是流血的伤口，而治疗的办法，就是诚实面对心中所想，随着自己的心走，做自己喜欢做的事。

不过，做自己喜欢做的事，是需要坚持和韧劲的。也许你会遭到父母的反对，也许你要忍受周围的闲言碎语，也许你不得不面临失败的风险。如果这些你无法坚强面对，那你就只能成为生活的弱者，成为他人思想的附属品，永远受制于人。想象两种不同的人生，如果你坚信自己可以做到，不妨勇敢一次，努力追求自己的真正所需。

人生短短几十年，是何其地短暂！年轻时一定要为自己活着，不要总是被别人所左右。怎样的人生才是最好的，只有你心里清楚，他人的意见，未必是你心底最渴望的声音。做自己想做的事，走在生命的路上，你会看到更多美丽的风景，庆幸自己没有在世间白来一次。

放松自己，每天都要轻松地生活

我们每个人的青春只有一次，既然只能年轻一次，就应该“活”得有质量、有档次、有追求、有意义，而不是活得太累，无法放松，自己去折磨自己。刚踏入社会的我们会常常抱怨自己活得好累，不知道前进的方向在哪里，是为了什么而活。这种累就是心累，或因处境不佳，或因交往不顺，或因遭遇不公……

人生本就不可能一帆风顺，没必要痛心疾首、郁闷不堪。世上不如意事甚多，若是活得太累，不懂得放松，让自己的心灵呼吸不到新鲜的空气，又怎么能捕捉到那难得的风景、认识生命的精彩呢?

我们未来的路还很长，生命还很精彩，千万不要把每一件失意之事和每一缕愁思都淤积心中，滚成雪球。如果事情已成定局，无可变更，那就不要沉溺于懊恼悲哀之中不能自拔。相反，试着放松自己，大步踏过去，前边就是辽阔的天地，只要一直朝着梦想努力，心中的愿望就能实现!

陈潇是公司的精英，大家羡慕她的工作能力，都惊叹这么瘦小的姑娘怎么如此精力充沛。其实，她一直认为自己活得简单快乐，她告诉公司同仁，在工作时用心做事，在生活中轻松做人，这样才能体会到生活的乐趣。

陈潇的工作经历其实并不顺利，和许多人一样，陈潇在刚踏入社会时也有过一段低潮期。“我进单位三个月后才开了第一张单，而且第一张就搞砸了，可能是因为当时太紧张吧。我后来调整心态，让自己学会放松，工作就顺利起来了。”陈潇笑笑说。

于是，在后面的工作中，陈潇根据客户的不同喜好，制订了不同的方法，让自己每天都保持放松的状态。就这样，她最终走出低潮，迎来了事业的高峰。“我发现，我工作时，一紧张就容易犯错；相反，放松反而能凭自己的感觉和经验找准客户。”事实证明，陈潇的这种“放松”所产生的直觉往往是正确的，而这也基于她工作经验的增加。当然，陈潇也提到在工作中光靠直觉是不行的，直觉必须以经验和实践为基础。刚开始工作时，遇到困难在所难免，调节的关键在于对自己心态的把握，学会放松，才能真正体会到年轻的活力和动力，继而创造出属于自己的精彩。

陈潇用闯荡职场的经历告诉我们学会放松的重要性。生活的代名词不是牺牲，我们生活的全部也不是付出，我们在工作之余有权利享受生活的美好和乐趣，时常给自己的心情放放假，别让自己活得太累，才能从心底体会到生活的滋味。这便是“学会放松，才能看到人生的价值”这句座右铭的真正内涵。

因此，忙碌的现代人，我们一定要学会独立，懂得放松自己的心灵，让自己的每一天都过得快乐、活得精彩，千万别把各种有形无形的枷锁套在自己头上，让自己活得太累。要知道，每一个年轻人都是造物主的宠儿，造物主将美丽、青春、活力、激情毫无保留地赐予我们，就是让我们有十足的资本去开拓属于自己的未来，所以我们更应该活得舒心、潇洒，别让自己太累。

学会放松，我们才能轻松地面对人生中的潮起潮落。也许你曾为工作的失败而惋惜，也许你曾为机会的错失而后悔，也许你曾为职位的升迁而追逐，也许你曾为难解的问题而困惑……面对这种种的一切，我们一定要将“学会放松，才能看到人生的价值”视为座右铭，坐看云起云落、花开花谢，收获一份自在的好心情。

所以，从现在起，我们每天都要对自己好一点，要学会轻松地生活，以下是几点建议。

1.让自己快乐一些

当你情绪不佳的时候，可以选择适合的发泄方式，如尖叫、转移注意力、忙碌起来等。善待自己，自己获得快乐才是最重要的，要让快乐一直在我们的内心。

想发脾气的时候，回想一下那些令你开心的事情，眼前的困境没什么大不了，一切终将过去。抛掉过去，忘掉那些令你不快乐的人和事，把握现在，让自己快乐一些。

2.每天充实自己

时代在前进，社会也在不断进步。生活在这个经济高速发展的时代，我们想要不被社会抛弃，就需要不断充实自己。一个只注重自己外表而忽略自己内在的人，很容易给人华而不实的感觉。不断学习，不断充实自己，提升自己的道德修养，不断超越自我，获得成功，你的人生才会没有遗憾。

3.充满自信

自信不是自以为是，是相信自己的能力，是内心深处的一种力量。充满自信，不能骄傲自大；充满自信，才能不畏艰险，勇敢前行。

4.爱惜自己的身体

当我们拥有健康的时候，也许无法感觉到它的重要性，但当它一旦远离了我们，我们就会发现我们失去了多么珍贵的东西，到那时一切已经无法挽回了。不要等到你的身体已经亮红灯了，才去关注健康问题；不要等到身体严重超重了，才开始关注减肥；不要等失去了健康，才想方设法去弥补。与其亡羊补牢，不如从现在开始学会善待自己，善待自己的身体，养成良好的生活习惯，多参加体育运动，保证充足的睡眠。

总的来说，我们每个人都不必戴着面具生活和工作、逢场作戏，生活中就应该想笑就笑，想唱就唱，想哭就哭，想玩就玩，活得朴素自然，活得坦坦荡荡，活得轻松自在。唯有如此，才能清楚自己的心声，明了自己的方向，认识自己的灵魂！

第 3 章

肆意洒脱一点吧，按照你自己喜欢的方式生活

我们都知道，快乐的心情可以成为事业和生活的动力，而消极的情绪则会影响身心的健康。然而，现代社会，人们为了生活，四处奔波，我们不得不收起自己的喜怒哀乐，甚至不得不取悦他人。久而久之，我们感到身心俱疲，巨大的压力使我们喘不过气来。其实，我们都应该尽量释放自己的天性，尽量按照自己喜欢的方式来生活，这样，我们才会活得肆意洒脱，才会快乐无比。

愿你的青春不负梦想

有人说，青春就是要奋斗和拼搏，就是要为梦想拼尽全力。有句名言说："所有的人因为梦想而伟大，所有伟大的人都是梦想家。"的确，心有多大，舞台就有多大。梦想能够激发我们的潜力，当我们在追梦的路上，有迎难而上的勇气去战胜重重挑战的时候，就会发掘出连自己都意想不到的潜力，其实，你可以比想象中的更加优秀。如果我们失去了梦想，一切都是空谈，生活是空虚的，也无法获得真正的快乐。

梦想并不是虚无缥缈、不可琢磨的。梦想，是你向上的力量，有梦想就去追求。在追梦的过程中，你会发现自己因此变得快乐、充实，生活也绽放出更多的精彩，还能感染身边的每一个人。

的确，谁都想让青春不负梦想，然而，梦想与现实的距离到底有多远，恐怕只有那些乘着梦想的翅膀、最终获得成功的人才知道。若想要实现自己的梦想，需要付出多少的努力呢？梦想和现实之间还是有一定距离的，想要填补它们之间的差距，需要全力以赴，克服重重难关，并且为此坚持不懈。实现梦想需要一个漫长的过程，给自己确定一个合理的梦想，一步一步坚定地向前迈进，梦想总有一天会实现。

对于一个年轻人而言，年轻是美好的年纪，你的选择不同，人生经历也就不同，有人选择安逸的生活，有人选择疯狂，而我选择在这美好的岁月里洒下汗水，种下希望，努力奋斗。当然，努力并非说说而已，年轻人需要给自己制订目标，有一个良好的心态，努力学习，不断充电，对自己想做的事情有一种强烈的欲望。如果你无限渴望去做某件事情，那全世界都会给你能量去实现。

安东尼·拉马纳出生于意大利西西里岛的一个小村庄里，家里有10个兄弟姐妹，因此他不到12岁就到采石场干活了。不过，安东尼却不甘心自己的命运就是这样，于是他常常利用休息的时间阅读有关西西里岛的历史和地理，并听老人们讲述岛屿的变迁。在书中，他看到了外面的世界与岛屿的差距，因此他在16岁那年，沿着山谷顺流而下，来到海边，随后跟着一艘货船来到了美国。

在22岁那年，安东尼凭借着不懈的努力，获得了梦寐以求的证书——一张石匠工会卡。不久他便被选去在林肯的纪念碑上，雕刻林肯在葛底斯堡的演讲词。在雕刻演讲词时，安东尼深深地被林肯的人生经历打动。他想：林肯这位生活艰辛，最后靠着学习改变命运的人，早年生活几乎跟自己一样，不过后来他却当上了律师，最后竟当上了总统，那么自己是不是也会有功成名就的一天呢？他突然之间做了一个决定，他要成为一名律师。对此，朋友都笑话他："你是林肯第二吧？安东尼，你看雕像看呆了。"

安东尼过去只在西西里岛的一所乡村小学读到五年级，想在华盛顿大学国家法律中心学习，这简直是痴人说梦，何况他每天还要在脚手架上连续工作10小时。但是他没有退缩，一下班就去夜校补习英文，他的帆布兜里时刻都装有锤子、午饭和课本，他常常匆匆忙忙地吃过午饭便抓紧时间读书，甚至有时候一手拿着书，一手拿着两片玉米饼，中间夹着一块咸猪肉坐在木头上边吃边学习。

终于，功夫不负有心人，安东尼考入了法律学校。但是，因为第二次世界大战爆发，他只得离开美国去同法西斯作战。回国后，他在很短的时间里连续获得了法学学士和硕士的学位。后来，他一直在纽约和华盛顿担任律师，工作十分出色。

有人曾问安东尼："你读书、学习时，难道不感觉到累吗？"他回答说："从来没有，因为每个人都必须自己去找到动力，并且自己为动力确定具体的含义。"不感觉到累，是因为相信自己一定能行。即便自己被朋友嘲笑，他也从来没动摇过努力的决心。正因为对自己有绝对的信心，安东尼才得以成功。

年轻，没有理由不努力，与其在暮年擦拭悔恨的泪水，不如趁年轻努力一把。年轻人要敢想敢做、勇于付出，相信没有什么是做不到的，也没有什么事能够难倒年轻的自己。人生不息，奋斗不止，只要你还年轻，就大胆勇敢地向前冲，只要坚定信念，成功就会在眼前。年轻人，只要梦想还在，那就在美好的岁月里保持前进的脚步吧！

生活中，我们发现，有一些人，尤其是年轻人，他们喜欢抱怨命运的残酷，却从未想过应该从自身出发勇敢求变，这样才能让一切都随之改变。还有很多人狂妄自大，总是自我感觉良好，认为自己就是世界的主宰。其实在茫茫宇宙中，你连一粒尘沙都算不上，又如何能让一切都顺遂你的心意呢？还有很多人拥有远大的理想，恨不得藐视所有人，殊不知你其实很平庸。任何远大的理想和梦想，都要落到实处，才能真正地变成现实。一屋不扫，何以扫天下？不管梦想多么高远，最终都要汇聚成点点滴滴的付出。

当你注视着镜子里那个最熟悉也最陌生的自己，是否生出些许惆怅？我们自以为是地过了这许多年，却蓦然发现一切其实并不在我们的掌握之中。实现梦想，从改变自己开始，刻不容缓。

按照你喜欢的方式生活，就能有美好的体验

其实，我们自打出生起，都一直在孜孜不倦地追求一样东西，那就是快乐，无论是追求财富、名利、地位等，都是为了获得快乐。可悲的是，一些人总是在努力迎合他人的需求和喜好，以为这就是快乐。久而久之，他们身心俱疲。实际上，我们每个人都是独立的个体，我们也不可能永远活在别人的世界里。相反，我们应该听从自己内心的声音，知道自己想过什么样的生活。只有这样，我们才能在世俗的深渊中脱身，感受到自己内心深处的宽广和明净。

公元405年秋天，陶渊明为了养家糊口，来到离家乡不远的

彭泽县当县令。这年冬天，他的上司派一名官员来视察工作，这位官员是一个粗俗而又傲慢的人，他一到彭泽县的地界，就派人叫县令来拜见他。陶渊明得到消息，虽然心里对这种假借上司名义发号施令的人很瞧不起，但又不得不马上动身。不料陶渊明的秘书拦住他说："参见这位官员要十分注意小节，衣服要穿得整齐，态度要谦恭，不然的话，他会在上司面前说你的坏话。"一向正直清高的陶渊明再也忍不住了，他长叹一声说："我宁肯饿死，也不能因为五斗米的官饷，向这样差劲的人折腰。"他马上写了一封辞职信，离开了只当了八十多天的县令职位，从此再也没有做过官。

这就是不为五斗米折腰的故事。这就是一种气度，一种追求真实自我的洒脱！生命只有一次，而且时间是有限的，人生在世只有短短的几十年而已。所以，每个人都应该珍惜自己的生命，在有限的时间里不要让自己太疲惫，要让自己过得快乐一点。人活一世为了什么？就是为了快乐，快乐是人生最大的财富。再奢侈的物质，都不能弥补精神世界的空虚所带来的缺憾。

诚然，人因为有追求才过得充实，才会有进步，否则就是行尸走肉！但凡事都有度，如果太过专注那些虚无缥缈的追求而忽视了眼前的东西，那就本末倒置了。毕竟，不是每个人都能成为比尔·盖茨，也不是每个人都能成为商界精英、政界豪客。所以，要想活得轻松、快乐，就要学会舍得，舍弃那些束缚自己的事与物，舍弃自己永不知足的欲望。那么，你收获的就是一颗平常心，一份淡然的快乐！

没有一定的修养和良好的心理素质，我们无法做到按照自己喜欢的方式生活。除了陶渊明，我们发现，也有不少人是这一方面的佼佼者。他们对个人的名利常常采取漠然冷淡和不屑一顾的态度，而把主要精力放在对理想、事业的追求上，最终他们在自己喜欢的领域内有所成就。

陈钦大学毕业之后干过许多工作，但都没有出色的表现。她曾到汽车公司推销汽车，这份高薪的工作依然没有调动起她的工作热情。她在推销时，只是像背书一般把汽车的性能、价格、优点等向顾客说一遍。

一天，一位老人来看车，陈钦又把常背的“汽车推销经”背了一遍，老人听完后说：“孩子，你这样推销，怎么能吸引顾客呢？”

老人的话让陈钦受到了震动，她和老人攀谈起来。她告诉老人：“我也有自己的梦想，我一直都很喜欢画画，因为我有这方面的才能，但却怎么也下不了决心。”

老人说：“为什么不去做呢？画画也是可以赚钱的。”

“可是，老先生，我不敢放弃我现在的工作，虽然我干得不出色，但这样的工作可以让我有固定的收入过着稳定的生活。”陈钦解释道。

“为什么你要让你的才能迁就平淡的生活呢？你应该从事能让你发挥才能的事业，虽然有风险，但如果你确实有这方面的能力，又何愁不成功呢？至少你应该试试，否则你会抱憾终生的。”老人说。

老人的话让陈钦茅塞顿开，虽然辞了工作去开创新的事业会有风险，但如果自己确有这方面的才能，那一定会比从事并不喜欢的工作成功的概率要更大。于是陈钦辞去了工作，走上了画画的路。之后她以独特的绘画风格获得了绘画比赛一等奖，得到了评委们的一致好评，还成功地开了自己的画展。

陈钦衡量离职的风险后决定冒险进入一个前途未知的领域，做自己喜欢的事业，最终她成功了，得到了别人的认可。其实当我们渴望改变自己生活的时候，我们需要拥有冒险的勇气，在人生的十字路口，选择内心最渴望的那条路，从而获得自己想要的生活。

要想做到走自己的路，首先要修炼自己的内心。人是群居动物，遇到事情的时候总是喜欢聚在一起三言两语地讨论，或者发表自己的看法。在这种情况下，如果你过于在意别人说什么，自己的内心就会受到困扰。当然，这句话的意思并非是让我们固执己见。归根结底，别人提出的正确的意见或者建议，我们可以根据实际情况适当调整。然而，如果仅仅是观念不同导致的分歧，则没有必要扰乱自己的阵脚，最终一事无成。为人处世，应该淡定平和。只要尊重自己的内心，不违背社会公德和秩序，我们无须逢迎他人。常言道，鞋子合不合脚，只有自己知道。对于发生在自己身上的事情，怎么做才是最好的，也只有自己才知道。

实际上，一千个读者就有一千个哈姆雷特，我们不可能让所有人都满意。既然如此，我们为什么不做回自己呢？每个人看待问题的角度和立场都不尽相同，所以，不管我们如何改变，都无法让所有人满意。人生，最重要的是活出自己的精彩。走自己的路，让别人说去吧！至少，我们做过自己，证明了自己。

要有自己的兴趣，让平凡的生活更添情趣

人生短短几十载，说长不长，说短不短，每天我们都在重复着昨天的日子，你是否觉得无聊至极？如果你有这样的感觉，不妨尽早为自己培养个兴趣吧，有兴趣的日子才是有仪式感的。要知道，聆听过古典音乐的耳朵，欣赏过美术作品的眼睛，吟诵过唐诗的嘴巴，所表现出来的优雅和高贵，是任何富贵的服装、行头也修饰不出来的。

生活往往就是柴米油盐构成的单调的曲子，如何把这支曲子变得快乐起来？这就要靠我们自己用兴趣来谱写，一个重视生活仪式感的人的生活也绝不会单调、死气沉沉。很难想象，一个没有自己的兴趣与爱好的人，会过什么样的日子，又会经营出一个什么样的家庭。

日本教育家木村久一说："天才，就是强烈的兴趣和顽强的入迷。"天才并不是天生而就的。对小李来说，自己的成功固然少不了机遇，但她对书法的造诣确是真正来自强烈的兴趣下的入迷和坚持不懈的努力。兴趣与认识和情感有着密切的联系。如果一个人对

某种事物没有认识，就不会产生情感，也就不会对它发生兴趣。相反，认识越深刻，情感越丰富，兴趣也就越深厚。兴趣是一个人走向事业成功的开始。有人曾总结世界上数百名诺贝尔奖获得者的成功原因，其中之一就是他们对所研究的科学事业有浓厚的兴趣。

不得不说，对于我们来说，兴趣是让生活具备仪式感的一个方面，也是我们走向成功的开始。我们不能因为生活而放弃对兴趣和理想的追求，而是应该保持自己的兴趣与爱好。兴趣，让你的生活变得多姿多彩，凤凰卫视的当家主持人陈鲁豫，就是一个喜欢城市并且爱好广泛的人。

她说，自己曾经喜欢三毛，喜欢三毛笔下神秘的异域风光，甚至于喜欢三毛的流浪，那是一种最好的人生状态。而三毛所经受的一切苦难，都被她单纯且浪漫的心灵过滤掉了。后来因为做了电视主持人，有机会和三毛一样周游世界，她才发现，她是不能离开城市半步的。如果到一个没有人烟的地方譬如沙漠吧，她会立刻惶恐，感觉不到城市的脉动与呼吸，她整个人会立刻窒息。因此，她不能想象三毛竟然可以那么乐观地行走于大漠荒野之间。因为喜欢城市的丰富与美丽，如果选择出门旅行，她多半会去世界各地的大城市，尤其是欧洲，因为欧洲的古老文化与现代文明是如此和谐地统一着。

“我的兴趣比较广泛，只要是美的事物我都喜欢。也许正是如此，在我工作、生活中遇到困难，感到太疲惫、太压抑、太困惑时，我就用自己的喜好来调整自己的心态。有时候，人不一定要赚到很多钱才能得到自己想要的东西。我没赚到太多的钱，也没花太多的钱，一样得到了快乐。在我的工作遇到‘瓶颈’时，为了让自己不因为工作的困顿压倒自己，在走访市场时，我从郊外采来野花野草什么的作为插花材料，很有创意地插上一盆野韵十足的插花，摆放在办公室里，增添一些生机。那时，公司里已经由原来的十几个人走得只剩下几个人了，我不喜欢办公室里太沉闷，还是一边说说笑笑的，一边搞我的插花创意。”

这就是真实、坦率的鲁豫，习惯于城市的生活，丝毫不掩盖自己无法适应三毛笔下的撒哈拉沙漠。鲁豫的爱好也是独特的，走在巴黎的大街上，她觉得好像是走进了一幅画；坐在路边的咖啡馆里，她可以长时间一动不动，只为静静地欣赏窗外美丽的风景。

当然，每个人的兴趣爱好都是不同的，你可以选择以下适合自己的某项爱好或者培养某方面的特长。

1.旅行

旅行可以增长我们的知识，让我们在有了更多见识的时候，发现某些更符合自己内心愿望的爱好，而且真正见过比只在书上看过或者听人说过更有感触。另外，一个爱好旅行的人往往心胸更广阔，应对问题时更有弹性。

2.音乐

音乐作为一种艺术，它之所以能打动人，是因为它能以动感的声音方式表现出一种情感，它所蕴涵的宁静致远、清淡平和，可以使终日奔忙、身心俱疲的现代人得到彻底的放松。作为奔波于现代闹市中的我们，一定要懂一点音乐。在音乐的圣殿中，我们能暂时忘记工作生活中的不顺心，让音乐给予我们心灵的滋养。

3.舞蹈

当你随着音乐起舞的时候，你的音乐感、音准、韵律、节拍的敏感度和数学逻辑都能够得到提高，脑部及身体的协调能力也可以得到锻炼。

4.读书

书是人类进步的阶梯，“腹有诗书气自华”，俗语“读万卷书，行万里路”也是这个道理，读书可以让我们见闻广博。

总的来说，我们一定要给自己培养几项兴趣爱好，如画画、看书、做瑜伽、听音乐、唱歌、旅游……学会有情趣的生活，我们平凡的生活就不会再单调！

人生有些重要的事，想做就赶紧去做吧

生活中，当很多人被问及“想做点什么”时，他们的答案有很多种，如想来一次说走就走的旅行，想实现儿时的梦想，减肥等。然而，当问到他们有没有付诸实践时，他们就沉默了。其实，对于我们来说，人生有太多重要的事，如果你从未真正实践过，那么，最后也只能算了。

可以说，去做自己想做的事，就是生活中最重要的仪式。

如果你很想去做，那么就去做吧。要知道，人生几十年，白云苍狗，如果现在不做，一辈子可能都做不了。

伊丽莎白不是哈佛毕业生中最出色的一位，也并不具有非凡的才能，人们对她的敬佩，不是因为她年纪老迈，而是她勇敢尝试、始终坚持的毅力和决心。

这一天，身穿毕业生礼服、头戴黑色学士帽的伊丽莎白·麦克尼尔从哈佛大学校长手中接过毕业证书。在获得文科学士学位的同时，她还被颁发了一个表彰其学术成就和品德的奖项。

伊丽莎白早在1941年就高中毕业了，之后，她陆续生了4个孩子。26年前，她成为哈佛大学健康服务部门的员工。哈佛的学术氛围令她对学习产生了浓厚的兴趣，于是几年后，她开始尝试在哈佛“蹭课”。

但是在这之后的很多年里，她并没有正式注册当学生，因为她觉得自己没有能力完成哈佛的课程，并一度想放弃拿到哈佛学历的念头。

直到9年前，同事和同学的鼓励让伊丽莎白产生了争取学位的念头，那时她已经73岁了。对于一个普通的73岁的老人来说，安享晚年是最好的选择。而伊丽莎白却不甘心就此放弃自己的理想，她再次鼓起勇气，走入了哈佛的课堂，她给自己制订了“10年目标”，并向孩子们许诺，要在83岁之前从哈佛毕业。

如今满脸皱纹的伊丽莎白在哈佛工作了25年，学习了20年，攻读了9年学位，最终赶在自己的孙女之前获得了本科学历。

人人都能下决心做大事，但只有少数人能够果敢地去尝试，也只有这少数人才是最后的成功者。有不少这样的人，他们并非不知道行动的重要性，但是迟迟不愿意行动，结果又产生负疚感，造成意志瘫痪。很多情况下，人们与其说是因为恐惧而不去行动，毋宁说是因为不去行动而导致恐惧。许多事情的难度都因为我们的犹豫和摇摆而加大了。勇于尝试需要一种开拓进取的精神。鲁迅先生曾经说过，其实地上本没有路，走的人多了，也便成了路。所以他十分赞赏“第一个吃螃蟹的人”——那些在人类前进道路上披荆斩棘的人。

贝尔在试制电话机时，感到有关问题还没有把握，便去向著名物理学家约瑟·亨利请教。贝尔谈了自己的设想，恳切地问：“先生有何见教？”“干吧！”亨利回答说。

贝尔不安地说：“可是，先生，我对电的知识知道得很少呀。”“学吧！”亨利又简短地回答。电话机试制成功后，贝尔激动地说：“如果不是亨利先生这两个词的鼓励，我是不可能发明电话机的啊！”

当年，迪斯尼为了实现心中的梦想，不断地呼吁人们去建造一个乐园。可是当时有非常多的人反对他，有的人担心会对环境产生影响；有的人担心他的资金有问题；有的人甚至怀疑他的头脑有问题；有的人说政府不会批那么大的一片地。可是迪斯尼不断地去想各种各样的方法：资金方面有问题，他跑了143次银行；他积极地寻求各方面资源的支持。最后，他梦想中的乐园——迪斯尼乐园，终于在美国开始兴建，到现在，被复制到世界各地。

疲于生活的人们，你是否有所启示？喜欢一件事，就开始去做吧。即使此时此地只能把它当成业余爱好，你坚持去做了，点滴积累，有一天，它便会成为你的专长，成为你可以靠之养活自己的看家本领。你要相信，你最愿意做的那件事，才是你真正的天赋所在。

人生需要选择，需要你果敢地去拼搏，去行动，去做自己想做的事情，哪怕你很畏惧，哪怕你很犹豫，但如果摆在你面前的路是正确的，你就要立即行动起来。

有句话说得好："选择你所爱的，爱你所选择的。"所以，为了培养你对工作的热情，首先，在择业之前，你应该考虑自己的兴趣。如果工作在某些方面真的令你缺乏兴趣，这里并不是说一定要强迫你每天在工作的时候保持微笑。一般情况下，如果你真的不喜欢自己所做的事情，对它缺乏积极性，那么这是不值得的，不管你得到的薪水有多高，不管你的职业生涯攀上了多少高峰，都是不值得的。

如果你并不了解自己的兴趣所在，要怎样才能挖掘出它们呢？有很多方法可以做到这一点。例如，在你目前的工作中，你最喜欢它的哪些方面？是和他人共处，还是不和他人共处？是智力挑战，还是解决问题，又或者是某个问题在某一天结束的时候有了具体答案的满足感？

总之，人生就是如此，只要你敢于跨出第一步，去做你想做的事，你就能获得源源不断的动力，你就能朝着目标不断迈进，最终收获一番成就。

为什么要把事情拖到明天呢

生活中，我们发现，不少人有这样的行为表现：拖延缴纳水电费、推迟约会、为未完成的工作任务找借口等，当你问他时，他的回答是："急什么，时间还多着呢。"在他们看来，任何事情都可以放到明天去做。他想减肥，但刚才又吃了一块蛋糕，他认为减肥的事情稍微等等也无妨；他想花一个晚上的时间来学习一段音乐简谱，但却经不住朋友的诱惑去喝了几杯，他觉得还是明天再学习简谱吧；他想去学驾驶，但是担心自己操作不好，还是再等等吧……好像再等等事情就能解决似的。对于很多人来说，不想立即做的事，都可以放到明天去做。然而，这只是我们的借口，总是拖延，最终我们在不断等待中浪费了生命和光阴，我们原本糟糕的状况丝毫未曾改变。

那些有拖延习惯的人，也多半都是拖延心理在作怪，而且，他们还总是会为自己寻找各种借口。要克服拖延的习惯，必须先抛弃拖延的心理。如果不下决心现在就采取行动，那事情永远完成不了。

然而，在我们的生活中，有太多人有拖延行为。例如每天早上坐在办公桌前面的时候，有时会为先做哪一件事犹豫不决，今天是先见客户呢，还是先把会议需要的方案做好？当你觉得今天气温很高，不适合外出拜访客户的时候，却又想到会议是下周一才开始，差不多还有好几天的时间，而客户那边已经打电话在催了，不如还是去拜访客户吧。不过，出了办公室，又忍不住感到一丝疲惫，心想，明天再去也不迟呢！于是，又返回办公室去做方案，最后几经周折，一件事情都没有做完，却已经到吃饭的时间了。

其实，拖延不但会使我们失去千载难逢的好机会，而且也会耽误工作和学习。朋友们，既然有了梦想，我们就要风雨兼程，朝着梦想和目标不断努力。我们要相信自己，一旦真正迈出了第一步，我们就能与时间保持同步的速度，不断奋勇前进。

史威兹喜欢打猎和钓鱼。他最大的快乐就是带着钓鱼竿和来复枪进入森林宿营，几天之后再带着一身的疲惫和泥泞心满意足地回来。他唯一的困扰是，这些嗜好会花去太多的时间。有一天，他依依不舍地离开宿营的湖边，回到现实的保险业务工作中时，突然产生一个想法：荒野之中，也许有人会买保险。如果真是这样，岂不是在外出狩猎时，也一样可以工作了吗？经过寻找，他发现，阿拉斯加铁路公司的员工符合要求；散居在铁路沿线的猎人、矿工都是他的潜在客户。

他立刻做好计划，搭船前往阿拉斯加。他沿着铁路来回数次，“步行的曼利”是那些与世隔绝的人对他的昵称。他受到热烈的欢迎，他不但是唯一和他们接触的保险业务员，更是外面世界的象征。除此之外，他还免费教他们理发和烹饪，经常受邀成为座上宾，享受佳肴。在短短一年内，他的业绩突破了百万美元，同时享受了登山、打猎和钓鱼的无限乐趣，把工作和生活做到了最完美的结合！如果他在梦想产生时，没有立即行动，就可能因此而失去成功的机会。

岁月匆匆而过，无论我们是否愿意，时间的长河总是一路向前。对于每个人来说，时间都是公平的。它不会为任何人停留，也不会以任何人的意志为转移。常言道，时间不等人。的确如此，时间从来不会等任何人。时间有自己的脚步，总是坚定不移地朝前走去。记得大文豪鲁迅先生曾经说，浪费自己的时间相当于慢性自杀，浪费别人的时间则相当于谋财害命。由此可见，时间对于任何人而言都是非常宝贵的，都值得珍惜，不能白白浪费。

总之，生活中的人们，无论是工作、生活还是学习，无论是大事还是小事，凡是应该立即去做的事情，都应该立即行动，要尽全力日事日清。如果你梦想成为知识专家，那就立刻思考自己适合于研究什么专业，立刻分析现代社会的前沿信息是什么，立刻专心于读书学习，立刻开始选书目、定方向、写笔记，立刻开始阅读，不要拖延；如果梦想成为一流的营销员，成为亿万富翁，那就立刻开始研究，产品、市场、人脉、营销，立刻拿起电话，立刻买上车票，立刻奔赴营销第一线；如果梦想成为政治家，那就立刻学会演讲、学会写作、学会协调，立刻研究人脉、研究社会、研究管理……

第 4 章

用一双清澈的眸子，发现生活中的小美好

别林斯基说："美丽，都是从灵魂深处发出的。"哲人也说，我们眼里的世界是怎样的，我们的世界就是怎样的。其实，我们的生活中，从来不缺少美好，只是缺少发现的眼睛。所以，如果你想获得快乐，就要用一双清澈的眸子看世界，以此修炼一颗纯净、美好的心灵，要学会助人、爱人，学会控制自己的私欲。只有这样，才能做到洗涤自己的灵魂，收获美好！

美一直都在，只是你没发现

人生在世，我们苦苦追寻的，大概就是幸福。什么是幸福？幸福是一种心境，是一种积极健康的生活态度和生活方式。的确，人不能改变过去，也不能控制将来，人能控制改变的只是此时此刻的心念、语言和行为。过去和未来的东西都虚无缥缈，只有当下此刻才是真实的。因此，一个人的生命不管能否长久，生命过程都应该是丰富多彩的，人生的道路应该是宽阔有风景的，享受过程应该是愉快幸福的。我们每个人都应该珍惜每一天的到来。

可能你会说，我们每天都需要面临高强度的工作、学习或竞争的压力，我们总是在和时间赛跑，哪有闲暇和精力去欣赏风景？殊不知生活中处处是风景，你缺少的是发现美丽风景的眼睛。

可能你会认为，现在我的人生才刚刚开始，还有大把的时间去欣赏风景。但你是否想过，当你殚精竭虑地攫取了满怀的鲜花之时，抑或白发苍苍时，突然就会发现曾经在路边绽放的盈盈小花更加惹人爱怜。然而，那时的你已没有机会再回头去观赏它的淡雅美丽了。

因此，你要从今天起，学会从美的视角看待周围的一切，这样，你的眼里就都是美丽。

对于生活的现状，蒂娜总是充满了抱怨。当初，她不顾家人的反对嫁给了和她爸爸年纪相仿的成功人士张亮，从此过上了锦衣玉食的阔太太生活。张亮的确对蒂娜很好，不管蒂娜想要吃什么喝什么穿什么，张亮都无条件地满足她。然而，曾经因为物质匮乏而困顿的蒂娜在获得物质上的极大满足后，很快就开始对这样的生活感到厌倦乏味。看着人到中年的张亮，正如鲜花般绽放的蒂娜总是感到无限的悲哀，甚至有时候她想要出去旅行，张亮都觉得力不从心，不愿意四处奔波，只想待在家里安享天伦之乐。尤其是在他们的儿子皮皮出生之后，张亮更觉得自己人到暮年，只想安稳。为此，蒂娜怨声载道。

在生完儿子后的一年中，蒂娜患上了严重的忧郁症。她看谁都不顺眼，尤其是当看到半大的继子满屋子晃荡时，更是担心他会对皮皮做出什么不好的事情来。渐渐地，蒂娜的脾气越来越古怪，甚至开始疑神疑鬼，几乎每天都要呵斥保姆，还会找各种理由与张亮吵架。终于，张亮感觉到蒂娜的反常，建议她去看心理医生。在心理医生的疏导下，蒂娜意识到自己对家人始终保持着警惕的状态，而要想得到真正的幸福，就应该发自内心地接受他。就这样，蒂娜开始改变心态。对于继子，她也不再像防贼一样防着，而是相信继子能够成为一个好哥哥。至于张亮，无论如何都是她自己选择的人生伴侣，虽然不像年轻人那样精力充沛，但是却给予了她父亲般的关怀和爱，给了她无微不至的照顾和优越的生活条件。想到这里，蒂娜怀着感恩之心对待家里的每个人，自己的心情也渐渐好起来。很快，那个青春、阳光、善良的蒂娜又回来了，家里再次充满欢声笑语。

蒂娜的生活是苦闷的，再加上生完孩子身体激素失调，生理和心理的双重原因，更使得她情绪低落、郁闷烦躁，简直不知道如何对待身边的人。也因此，整个家庭的氛围都变得异常紧张，这也给张亮带来了很多烦恼。幸好张亮及时发现问题，建议蒂娜去咨询心理医生，接受心理治疗。果然，在心理医生的开导下，蒂娜改变了心态，怀着感恩之心对待张亮，怀着宽容之心对待继子，最终她找回了内心的宁静。这样一来，虽然外界的客观环境并没有明显的改变，但是蒂娜的心情却完全改变了。她从抑郁到快乐，重新找回了属于自己的人生。从这个事例中我们不难看出，我们对于外界的反应完全取决于我们的内心。正如一位名人所说，这个世界上并不缺少美，而只是缺少发现美的眼睛。假如我们能够积极地调整心态，让自己拥有真善美的心灵，那么折射在我们心中的整个世界，都会变得美好无比。

试想，一个人如果遭受小小的磨难，就马上灰心丧气，陷入绝望的深渊，终日消沉哭泣，那么即使身边遍布机会，他也将很难发现。生活，需要发现美的眼睛。如果缺乏这样的眼睛，即使周围开满鲜花，也很难闻到花香。只有百折不挠的强者，始终对生活充满希望，才能在生活的海洋上始终扬起风帆，坚定不移地驶向幸福的彼岸。

习惯于幸福的人会在每天对自己说：“今天的天气真好，一切都会顺利的。”而不幸的人会说：“今天一切又不会顺利。”有时候，幸福对于我们来说只是一种选择，谁也不能决定你的幸福，除了你自己。

幸福隐藏在琐碎的事情之中，就如同点点粉末洒在世间万事万物之中，当我们的眼光太过于高远，就看不见那些随处飞扬的尘埃。所以，别计较太多，如果我们每天都在细数着自己身边的幸福，那么，幸福的指数就会一直上升，最终成为一种习惯，伴随我们左右。

心怀善意，永远从好的一面去理解他人

心理学家马修·杰波博士说：“快乐纯粹是内发的，它的产生不是由于事物，而是由于不受环境拘束的个人举动所产生的观念、思想与态度。”所以用善意去揣度他人，你眼中的大部分人就都是善良的，你的生活就是美好的；而以“恶毒”“邪恶”的心去揣度他人，那么周围的人就都别有用心、刻薄恶毒，生活也往往一团黑暗。所以，生活中的人们，心怀善意，永远从好的一面去理解他人，那你的心就美满了、幸福了。

宋代大文豪苏轼和佛印禅师关系友好，常常在一起谈诗

论道。有一天他和佛印在一起谈论禅理，佛印问道："你看我像什么？"苏东坡顺口答道："我看你像一坨屎。"然后得意扬扬地问佛印："你看我像什么？"佛印叹息一声："我看你像一尊金佛。"苏轼闻之飘飘然，于是跑回家向苏小妹吹嘘自己如何一句话噎住了佛印禅师。苏小妹听后摇着头，大笑道："禅语讲究'我眼照我心'，你境界低了。佛印心中有佛，看万物都是佛。你心中有屎，所以看别人也都是一坨屎。"苏轼听后羞愧难当。

生活就是这样，你心中有什么，你眼中的生活就是怎样的，你的生活就会变成那个样子。萧伯纳曾说："如果我们感到可怜，很可能会一直可怜下去。"所以，让生活变得丰富多彩、无限快乐的唯一方法就是让自己的内心丰富起来，让内心真正善良美丽起来。

做到这一点并不困难，无论遇到什么事，永远从好的一面去看，用一颗善良的心去理解他人，就能够发现事情有利的一面，也就能看到生活美好的一面。

有这样一个童话：一个乡下农夫，用自己健壮的马换了一头奶牛，妻子听了，笑嘻嘻地说："太好了，感谢上帝，我们有牛奶了，还有黄油和干酪，换得太好了！"接着，农夫又用奶牛换了一只羊，妻子快乐地说："你考虑得太周到了，这样我们可以喝羊奶，有羊奶酪，还可以穿羊毛袜子和羊毛睡衣，奶牛是拿不出这些来的。"后来，农夫又用这只羊换了一只鹅，妻子大叫道："这真是个好想法，我们马丁节有烤鹅吃了！"农夫又把这只鹅换成了一只母鸡，妻子快乐地说道："母鸡太好了，母鸡会下蛋，还能孵小鸡，我们就会有鸡场了。"就这样，虽然夫妻俩总是在走下坡路，但他们总是那么乐观，永远从最好的角度去理解事情，最终他们也获得了想要的生活。

心怀善意去看待别人的行为，从好的方向去理解别人，就能够发现周围的一切人都是善良友好的，都是你的朋友。如果总对别人充满敌意，你会发现周围都是你的敌人。生活是一面镜子，你对它笑，它也会对你笑；你对它哭，它就会对你哭。当你总是看到自己心满意足的那一面，看到生活中充满愉快、充满希望的那一面，你就会永远去追求光明和希望，追求自己的梦想，这样就算梦想不能实现，你的内心也是充满快乐的。

美国文学家切斯特菲尔德说："用你喜欢别人对待你的方式去对待别人。"每个人都是需要被理解、同情和尊敬的。推己及人，我们在与人相处的时候，就应该与人为善，豁达一些，或是对迷途的人说一句提醒的话，或是对自卑的人说一句鼓励的话，或是对苦痛的人说一句安慰的话。只是一句简单的话，既不需要花费什么金钱，也不需要耗费你多少精力，对需要你帮助的人来说，却相当于旱天的甘霖、雪中的炭火。

善良从来就与正直、爱心、悲悯为伍，与邪恶、阴毒、冷漠为敌。事情永远都是有两面性的，如果只能看到它"祸"

的一面，你就永远生活在悲伤、哀叹当中，怨天尤人，自怨自艾，成为一个“可怜人”。如果你能够看到它“福”的一面，就会努力去追求，努力去改变现状，生活自然也就变得充满光明起来了。相信生活会越来越光明快乐的，相信世界永远是光明的，正是这样的观念在推动着我们文明的进步。这就是幸福生活的原动力，有了这样的心态，平凡的生活也会越变越美好，越来越丰富多彩。

可见，拥有善良的心，看什么都美，听什么都悦耳，做什么都兴致勃勃。当你高兴的时候，兴致高昂的时候，是不是觉得周围的人都显得那么热情友好？就算平时讨厌的人也看着顺眼起来了？而当你心情低落、烦闷的时候，是不是看什么都郁闷，周围的一切都那么不顺眼，甚至鸡蛋里也能挑出骨头来？每个人都有愉悦的时候，也都有心情不好的时候，所以生活在每一刻都是不同的。想要自己的生活快乐、美满，就要有一颗知足的心，有一颗善良、美丽的心灵，有一双时刻能够发现生活中美妙之处的慧眼。

远离抱怨，心怀感恩的人才幸福

陈红一首《感恩的心》，唱遍了祖国的大江南北，也使人们意识到心怀感恩的重要性。在人生之中的每一个时刻，我们都要心怀感恩，唯有如此，我们才能表现出对生活的热爱，也才能获得生活给予我们的慷慨馈赠。

的确，任何一个人，生存于世，都在接受着来自周围的馈赠。例如我们要感恩阳光雨露，给予我们的生活明媚和滋润；我们要感恩鲜花，让我们的生活气味芬芳；我们要感恩家人和朋友，是他们陪伴我们走过人生中最艰难无助的时刻；我们要感恩爱人，是他们使我们体会到生活的美好；我们甚至要感恩仇人，是他们让我们的心变得更坚强；我们也要感恩对手，是他们促使我们不断成长……总而言之，这个世界上的一切都值得我们感恩，我们唯有更加心存感激地活着，才能感受到生命的美好。

现实生活中，每个人都是独一无二的存在，每个人的人生也都是不可复制的绝版。面对自己的命运，我们是抱怨还是感恩呢？如果抱怨，我们非但无法得到命运的青睐，反而会使事情在我们怨恨的戾气中变得越来越糟糕。如果感恩命运的赐予，从而坦然面对命运安排的一切，积极主动地解决问题，那么我们的人生很有可能出现奇迹。所以我们无须抱怨命运不公，更不必强求命运的公平，我们只需要感恩自己拥有的一切，就能得到真正的幸福快乐和内心的从容安乐。

小骆驼和妈妈一起在沙漠里艰难地跋涉，烈日炎炎，小骆驼问妈妈："妈妈，我们的睫毛为什么比其他动物的睫毛更长呢？"妈妈说："因为我们经常在沙漠中行走，而长长的睫毛能够帮助我们挡住风沙，使我们哪怕在风暴中也可以睁开眼睛辨识方向。”小骆驼又问：“但是，我们的背部为什么和山峰一样呢？简直太丑了。”妈妈又说：“你说得很对，我们的背叫作驼峰。你现在看到了，沙漠里水源稀少，我们很有可能在很长时间里都找不到水，正是因为驼峰帮助我们储存水分和养料，所以我们哪怕很长时间不吃不喝，也能存活下来。”小骆驼想了想，继续追问妈妈：“但是，我们的脚掌又为何那么厚呢？”妈妈说：“脚掌厚，才能支撑我们在沙漠里行走，人们叫我们沙漠之舟也是这个原因啊！”

骆驼妈妈是位非常称职的妈妈，面对小骆驼言语中表现出的对自身的不满，她没有和小骆驼一样抱怨，而是对于造物主的安排心存感激。现实生活中，有一些人也和小骆驼一样对人生各种不满意，而且深陷欲望的囚牢无法自拔，总是奢望得到他人更多更好的馈赠。常言道，这山望着那山高，说的就是人的欲望永无止境。

感恩不仅仅是一种心态，也是我们每个人对待生活的态度。生活就像一面镜子，当我们以哭脸面对生活，生活也必然哭着对待我们。当我们以笑脸对待生活，生活才会回报我们以微笑。我们要对生活敏感细腻，但是却不要对生活过于苛责。当我们怀着感恩的心面对生活中点点滴滴的美好，甚至是挫折和磨难时，我们才能心胸开阔，勇敢应对生活中的酸甜苦辣，并且敞开怀抱迎接生活的各种挑战和磨难。记住，爱生活、爱自己，我们的人生才会更加美好。

的确，在人与人之间的交往中，多一些感谢，就多一分温馨。人与人之间的关系会在相互感激中更加亲密。千万不要忘了你身边的人，你的朋友，你的老板，你的同事，你的家人，他们是关心、支持你的，说出你对他们的谢意，并用良好的心态回报他们，这样就能得到他们更多的信任、支持和帮助。

可以这样说，在家里，你最应该感恩的人是父母；在学校里，你最应该感恩的人是老师；但步入社会，你最应该感恩的人是你的上司。千万不要忘了你的上司，他们是了解你的，他们也支持你。你要大声对他们说出你的谢意，感谢他们对你的鼓励和支持。这样不仅能得到他们更多的信任和帮助，还能给公司带来更强的凝聚力。

在职场，真正帮助你走向社会的人是上司，真正让你走向成熟的人是上司，真正令你成功的人也是上司。没有上司的指点与提携，你永远都只是停留在某一个阶段。感恩自己能遇到这样的上司，他的人格魅力赐于我们的又岂止是一份工作！有可能我们一生的命运都因为上司而改变。

感恩上司吧！他不是你的对手，不是你的敌人，他是良师益友，是你通向成功的阶梯。随时随地对上司做出承诺“您交代的任务，我保证完成”，这是你最好的感恩方式。在执行任务的过程中，只要你用心去做，不光是帮助上司完成任务，实际上也是在完成自己通向未来的一个个目标。感恩上司能把这样重要的任务交给你，对你寄予厚望，你的回应是什么呢？当然是尽心尽力地去做，回报上司的知遇之恩。

如果你每天都带着一颗感恩的心去工作，相信工作时的心情自然是愉快而积极的。只要我们健康地活着，就应该感谢现在拥有的一切。感恩他人，感恩生活，人生就会无怨无悔。

有句话讲得好，如果想抱怨，生活中的一切都会成为抱怨的对象；如果不抱怨，生活中的一切都不会让人抱怨。总是以抱怨的心态来面对工作，做起事来难免草率敷衍，更别说展现出富有激情的、创造性的工作态度了。那么你呢？你一天要花多少时间在抱怨上呢？

生活中的人们，用感恩的心对待工作，每天都要想想别人的好。上班之前，可不必忙于烦琐的工作，先花几分钟想想，父母给了我们身体，但给了我们工作吗？是谁给了我们工作？是谁给了我们机会？如果没有公司为我们提供岗位，我们的生活是否有今天这么美满和幸福呢？

总之，一味抱怨生活、工作和人生的人，即使遇上了福也会变成祸；感恩者即使遇上祸也能变成福。

善良为人，只求无愧于心

哲人告诉我们，善良是一种本能。因此，我们每个人，待人处世，都要心存善意。行善并不是为了得到回报，而是为了让心更为快乐安然。

一位智者曾经说过：善良是一种远见，一种自信，一种精神，一种智慧，一种以逸待劳的沉稳，一种快乐与达观……只要我们本性是善良的，我们的心情就会像蓝天一样清爽，像山泉一样清纯！因此，生活中的每个人，在其一生中，无论走到什么样的人生高度，都不要将“善心”抛弃，这样，无论你走得多远，也不会迷失本性，你获得的也是一份内心的安宁。

生活中的人们，当遇到需要帮助的人的时候，你是否愿意停下来为他们想想办法？或许在不经意间，受帮助的不仅是别人，而且有你自己——爱加上智慧原来是能够产生奇迹的。其实任何一次助人行为，都是完善自我、实现自我价值的机会，怎能不出于自愿？一个人若想真正做到内心无私地对他人付出，首先就必须具备善心。

普林斯顿大学校友、亚马逊CEO（首席执行官）杰夫·贝索斯（Jeff Bezos）在2010年学士毕业典礼上发表演讲：

……

我听过一个有关吸烟的广告。我记不得细节了，但是广告大意是说，每吸一口香烟会减少几分钟的寿命，大概是两分钟。无论如何，我决定为祖母做个算术。我估测了祖母每天要吸几支香烟，每支香烟要吸几口等，心满意足地得出了一个合理的数字。接着，我捅了捅坐在车前面的祖母的头，又拍了拍她的肩膀，骄傲地宣称，“每天吸两分钟的烟，你就少活9年！”

我清晰地记得接下来发生了什么，而那是我意料之外的。我本期待着我的小聪明和算术技巧能赢得掌声，但那并没有发生。相反，我的祖母哭泣起来。我的祖父之前一直在默默开车，他把车停在了路边，走下车来，打开了车门，等着我跟他下车。我惹麻烦了吗？我的祖父是一个智慧而安静的人。他从来没有对我说过严厉的话，难道这会是第一次？还是他会让我回到车上跟祖母道歉？我以前从未遇到过这种状况，因而也无从知晓会有什么后果发生。我们在房车旁停下来。祖父注视着我，沉默片刻，轻轻地、平静地说：“杰夫，有一天你会明白，善良比聪明更难。”

的确，天赋得来很容易——毕竟它们与生俱来。而选择则颇为不易，如果聪明难，那么善良更难。而做一个善良的聪明人，或做一个聪明的善良人，更是难乎其难。早在1946年，胡适在北大开学典礼上就说过：“我送诸君八个字，这是与朱子同时代的哲学家、文学家吕祖谦说的，‘善未易明，理未易察’。”

哲人说，善良是爱开出的花。善良是心地纯洁、没有恶意，是看到别人需要帮助时毫不犹豫地伸出自己的援助之手。对于高尚的人来说，他们的品性中蕴藏着一种最柔软但同时又最有力量的情愫——善良。

当然，为他人付出并不是只停留在口头上，而是要付诸实践的。平素人们都说德行，何为德？何为行？德是个人的高尚情操，是先天品赋，但并非所有的人生下来就具备好的品性，故需要后天扎扎实实地修养，也就是行，所以德需要行，才能为善，否则，德就是一个空洞的东西，未能为善的德只能是伪善。行是行为，善是无私，行为的无私就是行善，积德是行善的必然结果，与对方没有关系，利于别人的行为与思想就是善！

另外，我们在为他人付出时，不要总想着回报，也不要因为没有回报或回报甚少而不对他人付出。因为愿意付出的人，不求回报也是富有的。为他人付出，可以使人在精神上产生愉悦和快乐。实际上你在做好事或有益的工作时，不管是有意还是无意都会聚精会神全身心地投入。此时此刻脑海里会排除杂念和私欲，心灵会得到锤炼和净化。长期如此，当然有利于身心健康和品性修养。

为他人付出要从生活细节中开始。“勿以恶小而为之，勿以善小而不为。”诸葛亮《诫子书》中提到冲动和暴躁未能称为德。

赠人玫瑰，手有余香！愿意为他人付出的人，从来都被认为是正直的、善良的。当我们怀着一颗真诚之心善待我们身边的每一个人时，我们收获的也是真诚与善良，当然，还会有浓浓的爱！

眼里有爱，你的世界就有爱

生活中，人们常说："人不为己天诛地灭。"虽然，这句话里有稍微夸大的成分，但是，它却揭示了一个再简单不过的道理：在人性中，都有自私的成分，这也是人性最大的缺点。那些自私自利的人，他们只能守着荒芜的心灵花园，独自到老。而那些充满爱心的人，他们的花园里挤满了游客，到处飘洒着快乐与幸福。假如自私的人无意间路过那个美丽的花园，那么，在爱心的召唤下，他们内心的自私也会逐渐瓦解，重新建立起一座美丽的心灵花园。

实际上，我们每个人，眼里有爱，世界就有爱。我们无法掌控他人，但可以从自身做起，为他人付出爱，享受付出的快乐。

凯瑟琳出生在美国田纳西州一个幸福的家庭，有一天，她看到美国公共电台播的非洲纪录片，片中说非洲平均每30秒就有一个小孩因为疟疾而死亡。才5岁的她，一脸惊恐地说："妈妈，又一个非洲小孩死掉了，我们一定要做点什么！"

妈妈上网查资料，告诉凯瑟琳：

"疟疾是靠蚊子叮咬传染的，非洲蚊子太多。"

"那怎么办？"

"现在有一种泡过杀虫剂的蚊帐，有它就可以保护人不被蚊子咬。"

"那他们为什么不用蚊帐？"

“因为这种蚊帐对他们来说太贵了，他们买不起。”

“不行，我们必须做点什么！”

几天后，妈妈帮凯瑟琳找到一个只要蚊帐的组织，他们专门送蚊帐去给非洲的孩子。凯瑟琳亲手把蚊帐寄过去，一个礼拜后，她收到该组织的感谢信，信里说她是年纪最小的捐赠人，还告诉她如果捐10顶蚊帐，就可以获得奖状。

凯瑟琳回家后，并没有露出欣慰的笑容，她噘着嘴半天不说话，盯着墙壁上的时钟好一会儿，突然沮丧地说：“我们只捐了一顶蚊帐，虽然这个30秒没有孩子死去，可是下一个30秒，还是有人会死！”

妈妈的心被深深地触动了。在这个世界上，有很多人都不缺乏爱心，可是还是有那么多人得不到帮助。因为，人们通常只有爱心，但缺乏行动。

可是，10顶蚊帐需要花费他们一家人一周的生活费。并且，一个人的力量是远远不够的，怎样才能发动全民一起来帮助非洲小朋友呢？

凯瑟琳想：“我捐钱买蚊帐，只要蚊帐组织就给我奖状。那别人买我的东西，给我钱，他们也应该得到奖状才对啊！”

于是，她开始自己做奖状，妈妈帮她买材料，爸爸帮她整理工作间，弟弟帮她画爱心。每张奖状都有凯瑟琳亲笔写的“以你的名义，我们买下一顶蚊帐，送到非洲”，当然还有她的亲笔签名认证。

只要你捐10美元，买一顶蚊帐，就可以得到一张奖状。邻居看到她的奖状，觉得又天真又感动，奖状很快就卖掉10张。凯瑟琳把钱寄出，收到只要蚊帐组织寄来的为她特制的“荣誉证书”，他们封她为“蚊帐大使”。

该组织的人还告诉凯瑟琳，她捐的蚊帐是送到一个在加纳叫“斯蒂卡”的村子，那里有550户人家。天哪，只有10顶蚊帐，怎么够用？

凯瑟琳的邻居不只跟她买奖状，他们的小孩也都加入募捐队伍，帮凯瑟琳做奖状，成为“凯瑟琳的队员”。社区的牧师也请她去教堂演讲，她只讲了短短三分钟，就收到800美元的捐款。这下她士气大振，开始跑到别的教堂去演讲，当她满6岁时，已经募到6316美元。

只要蚊帐组织把凯瑟琳的事迹发到网站首页上，引起许多人关注。

有一天，凯瑟琳看见电视上英国足球明星贝克汉姆，替只要蚊帐组织做的公益广告。她立刻写了一封信给贝克汉姆，感谢他，当然也发给他一张奖状。贝克汉姆把奖状贴在个人网站，事情就像滚雪球一样传开。

2008年，比尔·盖茨基金会出钱拍一部《孩子救孩子》的公益纪录片，凯瑟琳因此踏上非洲大地。她看到当地的孩子用笔在蚊帐上写着“凯瑟琳”，他们都把这个救命的蚊帐叫作“凯瑟琳蚊帐”。这个爱心蚊帐，会好好守护他们的每一晚，斯蒂卡村现在叫“凯瑟琳蚊帐村”！

年仅7岁的凯瑟琳，用一个平常人的力量筹集了超过6万美元的善款，从疟疾的魔爪中拯救了近2万个小生命，成了一名为非洲儿童募捐蚊帐的“爱心战士”！

哈佛大学心理学系的霍华德·加德纳教授曾说：“现代美国人之间的冷漠与孤独很大程度上要归咎于人们自身，是我们自己选择了这样的结果。”面对着渴求帮助的人，许多人总是把自己宝贵的东西隐藏起来，害怕给予与付出，这就是私心的一种表现。但是，若是对方首先拿出自己最珍贵的东西，那么，在爱心的感召下，私心会变得逐渐暗淡，他也会不自觉地拿出自己的东西，以求一种心理上的平衡。

那么，如何做一个有爱的人呢？为此，我们需要明白以下几点。

1.做一个喜欢分享的人

分享苹果、荷包蛋，这是极小的生活细节。然而，在这样的细节之中，我们懂得了什么是分享。其实分享一直都贯穿在我们的生活之中，留心观察，你会发现，是分享串联了生活中一个又一个温馨的画面。懂得分享，也就让我们拥有了神奇的温暖人心的力量！

2.平日里及时问候自己的亲友

快乐的人每天都会得到一种短暂的友好的问候，仅仅五分钟的电话就会使人们快乐起来。麦尔斯说：“这是因为它让我们记起了生活中的关爱，享受到生活中的喜悦，分担了生活中的忧虑。”

3.有一颗爱心

做有爱的人，就要在别人烦恼时，不吝惜你的安慰，也许你并不能帮他解决问题，但是一句安慰的话可以温暖他的心；在旅途中，陌生人走在一起总是会保持冷漠，这时，你主动说话，一句玩笑或一个微笑，也许又是一段新的友谊……

可见，在爱面前，再坚固的私心城堡也会被摧垮，私心逐渐变得暗淡，只能畏缩在那个小小的角落，或者是消失不见。

第 5 章

在你最感兴趣的事情上，藏着一生快乐的秘密

生活中，当我们问那些快乐的人有什么秘诀时，他们答案往往是：“做自己喜欢的事。”这里的喜欢并不是一时的兴趣，也不是简单的爱好，而是自己对一件事情高度的热情，这种热情不会因为困难而被浇灭，也不会随着时间的过去而减少。在你最感兴趣的事情上，藏着一生快乐的秘密。因此，生活中的你，无论是工作还是职业选择，都要尊重自己的喜好并尝试投入热情，这样才能有更持久的动力，才能抓住机遇，实现梦想，否则一旦热情减退，你就会陷入麻木的工作和生活中。

做自己喜欢的事，才会有趣和快乐

每个人都有自己的兴趣，做自己喜欢做的事情，这是每一个人的梦想。同样，按照自己的兴趣爱好去做，最终也会得到一个很好的结果。其实，每个人都是一块金子，每个人都是一块尚待挖掘的宝藏，就看你是否具有一双慧眼，就看你是否勤奋，是否能够发现、挖掘出自己的价值，让自己的人生耀眼夺目、与众不同。

上天赋予每个人不同的个性，上天也给了每个人不同的兴趣爱好，可是有些人偏偏忽略了这一点，盲目地跟风，无目的地效仿，看到别人成为钢琴家，自己也盲目地学钢琴；看到别人在画画上有所造诣，自己也去跟风，结果做什么都是半途而废，最终都以失败而告终。

《罗密欧与朱丽叶》的剧情让无数人动容，他们那缠绵悱恻的爱情故事让无数读者如痴如醉、潸然泪下。至今回首这部名作，我们还会为莎士比亚的文字功底叫好、称赞。莎士比亚是英国伟大的戏剧家和诗人，他用自己毕生的经历为人类留下了37部戏剧，其中至少有15部被公认为世界文学史上的瑰宝。

翻开莎士比亚的人生史册，我们会发现，他也出现过抉择，也是在不断地挖掘自己的兴趣与价值中成长的。莎士比亚出生在英格兰中部美丽的埃文河畔，7岁时开始读书生涯。可在校期间，他并不喜欢古板的祈祷文，而偏爱一些古罗马作家用拉丁文写的历史故事，尤其到了每年的五月节，更是他一年中最快乐的日子，因为每每这时都会有戏班子的演出，他每场演出必到，戏剧班子走到哪里，他就跟到哪里，如痴如醉地观看着每一场精彩的演出，直到戏班子离开斯特拉福城为止。

14岁时，莎士比亚离开学校，开始了他的谋生之路。他到父亲的铺子里做过帮工，在码头做过搬运工，替人家当过导购……但他发现这些都不是自己的兴趣所在。唯独有一次他意外地在一家剧院找到一份工作，虽然工作很琐碎、普通，主要是替客人看管衣帽，照料有钱的观众上下马车，在后台打杂，但这个环境却是他梦寐以求的地方。从此，莎士比亚可以真正地接近戏剧了。一有空闲，他就躲在后台静静地观看演员们的排练。这里，成了他的戏剧学校。这里，也孕育了一位名垂青史的戏剧大师。

1592年的新年，对于莎士比亚来说是个难忘的日子，他的剧本《亨利六世》在伦敦最大的三家剧场之一——玫瑰剧场上演，莎士比亚一炮打响了。很快，《理查三世》《威尼斯商人》《温莎的风流娘儿们》《哈姆雷特》《奥赛罗》《李尔王》相继上演。悲剧《哈姆雷特》的轰动效应，更使莎士比亚登上了艺术的顶峰。

可以说，莎士比亚是在寻找兴趣、延续兴趣，并且发展自己的兴趣中成长的，他一生都在为自己的兴趣而努力，一生都在为兴趣而拼搏，最终也成就了自己的梦想，达到了自己人生的辉煌。

从心理学的角度来说，当一个人做着与自己兴趣有关的事情，从事自己所喜爱的职业时，他的心情是愉悦的，态度是积极的，而且他也很有可能在自己感兴趣的领域发挥最大的潜能，创造出最佳的成绩。莎士比亚难道不是一个成功的例子吗？

所以，千万不要逼迫自己去做不喜欢的事，把握好自己的兴趣，在该做出选择时不要犹豫，将你的精力消耗在你喜欢的事情上，如此你不仅会拥有很大的动力，同时会让你爱上你所做的事。

为此，你需要明白以下几点。

1.找到感兴趣的事情

有些人不知道自己的兴趣究竟是什么，自惭形秽、妄自菲薄，认为自己天生就是庸才，注定一生都要碌碌无为。其实，归根结底真正的原因是没有找到自己的兴趣所在，没有很好地挖掘自身潜力，过于盲从、武断地判断自己的价值。

2.做感兴趣的事情，态度更积极

不可否认，一个人在事业上取得的成就大小与兴趣是有很大关系的。如果你做着自己一直喜欢做的事，你的内心便会充满愉悦与快乐。因为做自己喜欢的事才是幸福的，这样的幸福不用你做任何思想斗争，不用你去考虑任何不必要的琐碎事情，同时，它也不是你刻意追求的结果，因为它是自然而然的，与做事的过程相伴而生。

因为喜欢，你会感觉前方的道路水阔天高；因为喜欢，你会感到浑身充满动力；因为喜欢，你会尽情地享受自由与快乐。也正因为这样，你在做事时会觉得得心应手、顺理成章、事半功倍。

探秘自我，找到自己的兴趣所在

提到梦想，一些人感到迷茫，不知道自己的梦想是什么。而没有梦想的人，就没有目标，也就没有奋起直追的持久动力。这时你可以了解自己，倾听自己内心的声音，弄清楚自己真正感兴趣的是什么，以自己的才能与爱好来作为梦想的参考。人应首先对自己的特点有所了解，然后确立目标，有的人以自己身边或媒体宣传的人作为自己的梦想；一些人的梦想与兴趣、爱好、特长相关，如喜欢唱歌的人希望成为歌手，喜欢跳舞的人希望成为舞蹈家。当然，有的人思想不够成熟，有时候追求的梦想不稳定，今天喜欢唱歌，明天喜欢跳舞，所以我们在选择时应该学会听从内心的声音，只有这样，才能找到自己内心的兴趣所在，并产生持续不断的热情。

一次，巴菲特被邀请到纽约哥伦比亚大学给学生做演讲，当被问到成功的秘诀时，他大笑起来说，自己与在座的学生相比，并没有什么不同之处，如果一定要说有的话，那就是他每天都在做自己喜爱的工作。

对巴菲特而言，投资并不仅仅是工作，更是一种乐趣，只是他的乐趣恰巧能赚很多的钱而已。在他看来，赚钱并不是人生的终极目的，做自己喜欢做的事，才是他毕生的追求。

我们很难想象，身为股神巴菲特的长子，霍华德竟然是一位农民。霍华德对农业的兴趣，源于他在非洲的一次经历。有一次，霍华德到非洲出差，正当他准备拍摄迁徙途中的斑马和羚羊的时候，突然看到贫穷的农民放火清理土地，并在地上留下一片烧焦的痕迹。之后，霍华德领悟到，要保护非洲的生态环境，就得先解决广大人民的粮食问题，从此，他知道自己该做什么了。

对于霍华德的选择，巴菲特不仅没有反对，反而相当支持。因为在巴菲特看来，喜欢的就是最好的，能够从事自己喜欢的职业，那就是一种幸福。为了表示对儿子的支持，巴菲特特意为他买了一座农场，让儿子能够实现自己的梦想。

世间大多数的人，每天都在忙忙碌碌地做着自己不喜欢做的事，过着自己不情愿过的生活。他们要为家庭奔波，为工作拼搏，有时还要说些违心的话，办些违心的事。也许，向生活妥协之后，他们变得富有，可是不能做自己想做的事，他们的人生真的快乐吗？

现实生活中，一些人在人生发展的道路上，却把命运交付在别人手上，或者人云亦云，盲目跟风，他们忽视了自己的内在潜力，看不到兴趣的强大作用，甚至不知道自己到底需要什么，不知道未来的路在哪里。于是，他们浑浑噩噩地度过每一天，甚至在充满各种诱惑的社会大潮中迷失了自己。但如果你能准确地定位自己，认清自己，看到自己的兴趣所在，那么，你就能最大限度地挖掘自己的内在动力，朝着这个方向努力，你就会做回自己，充分发挥自己的价值。

因此，我们每个人都要做到真正探秘自我，找到自己感兴趣的事。当然，无论做什么事，最怕的就是蜻蜓点水、不求甚解。生活中，一些人兴趣爱好广泛，但却做不到精益求精，这又怎么能真正让兴趣发挥作用呢？可见，兴趣不只是对事物表面的关心，更需要我们不断培养、不断参与，并贵在坚持！

刚开始，哈里仅仅是美国海岸警卫队的一名厨师。偶然的一个机会，他替同事写情书，让他逐渐喜欢上写作。

有了浓厚的兴趣，哈里开始给自己制订目标：花1～3年的时间写一本长篇小说。说干就干，他马上行动起来，每天不间断地写东西，根本不知道疲倦。他把写好的文章寄发给各大杂志报社，希望能够得到别人的认可。

8年之后，哈里的一篇仅有600字的作品终于在杂志上刊登了。对此，他并没有灰心丧气，仍希望在这件事上坚持到底。一直到退休后，他依然每天坚持写作，稿费很少，他的欠款却越来越多。虽然这样，哈里依旧怀揣着当初喜欢写作的兴趣，朋友们表示不理解，纷纷劝道："请忘掉作家梦吧。"甚至还帮他介绍了一份工作，不过哈里却说："我需要不停地写作，因为我依然喜欢，且我想成为一名真正的作家。"

4年之后，哈里的小说《根》终于面世，引起了大轰动，光是在美国就发行了530万册。后来，这部小说还被改编为电视剧，有超过13000万的观众看过这部电视剧，创下了电视剧收视率的纪录。

哈里终于成为著名作家，不仅收入超过500万美元，而且获得了普利策奖。

从哈里身上，我们可以看到，兴趣能对一个人的成长、个性发展乃至人生路途产生很大的作用。然而，并不是每个人都能让兴趣发挥如此巨大的作用，兴趣的产生也不是与生俱来的，它是在学习、生活中产生和发展起来的。

为此，我们若想找到自己真正的兴趣所在就必须做到以下两点。

第一，你可以从培养自己的好奇心开始。生活中，我们经常会遇到一些未知的事物，很多人对这些未知事物都采取一笑置之或者漠然的态度。实际上，这正是培养我们兴趣的关键所在，没有好奇心，就没有探求的欲望，也就谈不上兴趣。例如，你看到美丽的彩虹，那为什么会出现彩虹呢？真的是天女所为？要解决这些问号，就需要你进一步查看相关书籍，了解这些知识，兴趣的开端也就这么产生了。

第二，你需要保持持续的热情。有些人的确有好奇心，但总是三分钟热度。例如，他们喜欢弹琴，但持续不了一个月，这样，即使再有天分，弹琴技巧肯定不会进步。可见，要培养兴趣，就要保持持续的热情，每天进步一点，你就会把这一兴趣变成生活习惯，长此以往，自然会有所提高。

工作乏味，不如先尝试投入热情吧

现实生活中，我们发现，不少人每天重复着同样的工作，久而久之，开始失去工作热情，甚至抱怨上司、抱怨同事，但却拒绝改变现状。他们工作的动机纯粹是为了拿到每个月的薪水，而以这样的状态工作，工作就是枯燥的，工作效率也是低下的。事实上，无论你从事哪行哪业，热情都是你成功的动力。蒂夫·鲍尔默说：“我想让所有的人和我一起分享我对我们的产品与服务的激情，我想让所有的员工分享我对微软的激情。”卡耐基说：“除非喜欢自己所做的工作，否则永远无法成功。”无论做什么，成功始于源源不断的热忱，一个人只有愿意做某件事，才会全身心地投入，才会珍惜时间，把握每一个机会，调动所有的力量去争取出类拔萃的成绩。

刘莉是一间茶楼的老板，她喜欢独处，又喜好安静。2003

年，她和丈夫离婚了，女儿归她。一个女人带孩子又工作，确实不容易，所以她选择了开茶楼，这样，既有时间陪孩子，又能兼顾事业。

对于开茶楼的另外一个原因，她说："我喜欢安静的氛围，安静地听音乐，安静地喝着茶，生活、工作的压力也就不翼而飞了，所以我觉得这个茶楼也能让客人心神安宁吧。"

的确，开业至今，刘莉的茶楼在圈内已小有名气，黑白色调，纯正的法式美味，大厅里有一面偌大的书墙，清淡的书香与法式气质融为一体。认识她的人都说，刘莉像极了她店内墙壁上所画的女子：安静、温柔、追求完美。

但她似乎又总是充满能量，总是不知疲劳地工作。

对刘莉来说，最快乐的事情是早上出门之前看着女儿在楼下玩耍，因为她要到深夜才回家。"我希望客人在第一时间里就能感受到我们准备好的一切——干净的空气、新鲜的花、清澈的玻璃窗、没有气味的卫生间……"刘莉总喜欢亲自招呼客人，"我所做的全部都是站在客人的角度上，把自己当成一个客人去挑剔。"

无论在什么时候，刘莉都是一个工作狂：以前作为公司的部门经理，每天工作时间常常超过8小时，精力旺盛，喜欢挑战；自己做老板了，还事必躬亲。"我只要一工作就感觉非常满足，"刘莉说，"我觉得我是属于压力型的，压力越大工作越出色。"

故事中的刘莉为什么能拥有成功的事业？因为热爱！是这份热爱让她充满了能量。其实，你也能做到，即使你现在感觉厌烦工作，但坚持再做一些努力，忍辱负重、积极向前，将导致人生的根本性转变。

的确，无论做什么事，“热爱”才是最大的动机，只有热爱，才会产生意愿、努力、成功。从现在起，去做你喜欢和愿意做的事情吧，那么，你会自然而然地产生积极性、做出努力，就能在最短时间内进步。在别人看来是千辛万苦，而本人非但不认为苦，甚至把它当作乐趣。

人在职场，我们无须每时每刻都想着“老板发我多少薪水”。既然我们注定要日复一日地工作，为何不能调整心态，让自己积极主动地面对工作，从而帮助自己积累更多的经验，也让自己赢得更多的机会呢！多想想“我能为老板做些什么”，这才是我们该有的工作态度。

前段时间，李冰跳槽到一家大型企业担任销售部经理的职务。不久前，他所在的公司要推出一款新产品，但是这款产品迄今为止还没有正式进行宣传。对此，公司上层决定在正式把该产品推入市场之前，先在内部的老客户中间进行推广，这样一则能够促进资金流转，二则能够让老客户先对该产品形成一定的口碑。可以说，公司的目的是双赢，因此作为下面的执行人，李冰马上开始行动。

接到公司上层的命令后，李冰当即去了他们的老客户甲公司。不过，此时快要下班了，甲公司的老板不在，接待人员因为急着下班，对李冰不冷不热的，而且旁敲侧击让李冰赶紧离开，不要耽误他们下班。对此，李冰虽然不高兴，但是却无计可施。后来，李冰顺道去了乙公司。他到达乙公司时，乙公司已经下班了，不过接待人员还在。和甲公司不同，乙公司的接待人员特别热情，尤其是当听说这次内部推广价格非常优惠之后，接待人员更是表现出很大的热情。他不但让李冰留下资料，而且特意加了李冰的微信，让李冰晚上回去就把产品的详细资料发给他。当然，在李冰走后，这位接待人员也没有当即下班，而是马上与在外地出差的老板联系，从而得到老板的指示，做到心中有数。就这样，在接到李冰的产品资料信息后，这位接待人员已经清楚老板的决定，继而马上与李冰初步协商，签订协议。结果，借着这次李冰公司的内部推广机会，乙公司的接待人员以低价为公司订购了一大批材料，使公司最终获得了高额利润。这次之后，乙公司的接待人员得到老板的赏识，被提拔为客户部经理。

现代职场，很多人对待工作怀着“当一天和尚撞一天钟”的态度。他们从不愿意为了工作付出更多心血，每天距离下班还有很长时间，他们就开始数着时间等待下班。哪怕工作上还有事情没有处理完，他们也敷衍了事，不愿意多操一点心。不得不说，他们以这样的态度对待工作，很难在工作中取得好的成绩。

任何一个有所作为的人，在他的成才历程中，兴趣都对他起到了巨大的、不可替代的作用。当你热爱你的工作的时候，你的工作就不单纯的是一种劳动，而是一种娱乐。你可能因为追一部电视剧而24小时不睡觉，你可能因为一个游戏几天几夜不合眼甚至不吃饭。归根结底，那是因为你热爱，你投入。反过来，现代社会，每个公司都需要一些对本职工作热爱的员工，如果你为自己还是平凡岗位上的一员而抱怨的话，请调整自己对工作的态度，如果你从现在开始热爱你的工作，不论多平凡的岗位，你也会有不俗的成绩。热爱自己的岗位做个快乐工作的人吧。

凡事轻松应对，以轻快的心灵做事

现实生活里，我们大多数人都希望自己的人生精彩，都希望能实现心中所想，甚至为了达到自己的目标不遗余力，但往往却事与愿违。而那些能做到顺其自然、轻松愉悦地做事的人，却常常无心插柳柳成荫，收获意外的惊喜。

通常来讲，越是有所追求、越是想干点事的人可能遇到的烦恼和痛苦就会越多，凡是达观一点、看开一点、相信自己的人，终会心想事成。

同样，无论我们是工作还是学习，都要有一颗轻快的心灵，只有这样，这一过程才是生动有趣的，我们也才能享受其中。其实，很多时候，你越是想找到答案越是得不到，而当你轻松应对时，它却给你扑个满怀。

米琪是一家策划公司的策划专员，她头脑灵活、文笔新颖，参与过的几个大的案子很得领导赏识。为此，这次公司接到了一个大项目，领导特意交代米琪去做。米琪接到领导的任务后，非常感激领导对她的赏识，马上开始投入工作，只为了给领导一个满意的答卷。

因为这个项目关系到公司未来与对方公司的合作，因而米琪简直竭尽全力。不想，原本文思泉涌的她却遭遇瓶颈，虽然接连奋战好几天，却依然没有灵感乍现的感觉。米琪简直有些崩溃，因为再过两天就是交工的日子。

为此，她向好友求助，好友不以为然地说："你呀，缺乏放松。这样吧，咱们今晚去唱歌，好好地怒吼一番，你就可以放下这个项目，彻底忘记它了。"米琪尴尬地笑了，说："那我岂不是更没法完成工作了？你可知道，我最近几天废寝忘食的，都是为了工作，连做梦都梦到项目的事情呢！"好友暗自窃笑，说："所以你才缺乏灵感呢！脑细胞都快被你累死了！不要紧张啦，走吧，车到山前必有路。"

就这样，好友把米琪拉去吃饭喝酒，又去了歌厅。一番声嘶力竭的怒吼之后，米琪觉得累极了。她浑身疲惫地回到家里，没有洗漱就和衣而睡。半夜时分，米琪突然脑海中灵光一闪，出现了一个绝妙的好创意。她赶紧起床打开电脑，奋战到天明，一个堪称完美的创意横空出世。

在这个事例中，米琪之前灵感枯竭，就是因为她过度思考，导致思维僵化。幸亏好友带她在关键时刻尽情放松，才让她在彻底忘记工作之后，找回了久违的灵感。这样的妙手偶得，一定能够让她的创意更加充满灵气，也容易得到领导的认可和肯定。

因此，生活中的人们，在做某件事情时，如果你的思维陷入了某个僵局中，不妨跳脱出来，放松放松大脑，也许你会做得更出色。举个最简单的例子，很多高三学生在高考之前，都会停止复习让自己放松一两天。如此一来，他们的临场发挥反而更好，更容易取得好成绩。当然，放空自己的方式多种多样，我们未必都要去唱歌跳舞吃饭喝酒。如果你爱好音乐，也可以去听听音乐。如果你喜欢插花，不妨静下心来插花。总而言之，只要是能够让你放松心情的事情，你都可以去做。只要达到真正放松的目的，你就能够如愿以偿。

事实上，生活越来越紧张和局促，要有轻快的心灵，并非易事，我们每个人都应该善待自己。善待自己的方式有很多，我们可以给自己一个安安静静的午后，也可以让自己远离喧嚣的都市，回到空气清新、满目翠绿的乡间。我们的大脑就像是一架高速运转的机器，难免会觉得疲劳不堪。在这种情况下，一定要及时给予大脑充分的休息，千万不要让大脑过度疲劳，最终失去动力。

那么，我们该怎样以轻松的心态做事呢？

第一，做事功利性别太强，排除功利因素，真诚地追求梦想。

如果你留心一下周围形形色色的人，就会发现，一些人生活得开心、快乐，并不是因为他们坐拥名利地位、豪宅、名车等，他们只不过是能够真正地投入做事当中，怀着最真诚的心去努力寻找自己想要的东西而已。一些人往往因为太在意成败而不敢真正实施自己的想法。也有一些人，他们为了做事而做事，也很容易钻入死胡同。

第二，对自己有充分的认识与把握。

据说，有一次，爱因斯坦上物理实验课时，不慎弄伤了右手。教授看到后叹口气说："唉，你为什么非要学物理呢？为什么不去学医学、法律或语言呢？"爱因斯坦回答说："我觉得自己对物理学有一种特别的爱好和才能。"

这句话在当时听起来似乎有点自负，但却真实地说明了爱因斯坦对自己有充分的认识和把握。

人生路漫漫，人生路奇妙，各种突如其来的选择，使我们与许多本来有缘的道路绝缘，又会走上本来不应产生关系的道路。而我们需要做的是，无论是做事还是追求人生理想，都不要绷紧自己的弦，轻松去做就好。

经营自己的优势，更易带来成就感

生活中，我们每个人都有自己的闪光点，这也就是我们所谓的长处，是自己的优势所在。如果我们将它进行深度挖掘、投资，就会惊喜地发现，我们的付出往往总能取得事半功倍的效果。

能力是成功的资本，但对很多人来说，发现自己的能力即擅长做什么，是一个比较困难的事情。因为他们宁可相信别人，也不相信自己。其实，任何人都不必看轻自己，要相信自己是独一无二的。社会上大多数的人，只会羡慕别人，或者模仿别人，很少有人去认清自己的专长，了解自己的潜能，锁定目标，全力以赴，因而不能够成大事。这种人落得如此结果只能怪自己。擅长来源于兴趣，如果没有兴趣，就不可能产生对一个领域进行接触和深入的了解的欲望，当然也就不可能有这方面特长和经验的培养与积累。

每个人的优势不同，善于发掘自己的长处，做自己擅长的事，其实这就是属于你自己的一笔宝贵的财富。将优势发挥到最大化，不断给大脑充电，不断给予优势一定的营养，你会发现你正在将自己的财富升值。

在竞争的路上，那些具有灵性的人都知道寻找最合适的方法。做擅长的事，走熟悉的道路，这就是通向成功的捷径。走捷径会使你摆脱很多不必要的干扰，走捷径会使你觉得成功近在咫尺。

“万科”是国内一家著名的房地产公司，曾专注于房地产住宅的开发，在国内赫赫有名。在过去经济萧条、市场最艰难的时候，万科凭借自己的努力坚持下来了，但是当它迎来明媚的春天的时候，却禁不住市场的诱惑，耐不住一时的寂寞，盲目地放弃自己的特长，转移业务，去做生命科学，去做IT项目，“到头来竹篮打水一场空”。这是万科董事长王石发自内心的忏悔。

离开自己熟悉的地方，放弃自己最擅长的事，在激烈的竞争中，往往就会败下阵来，拿自己的劣势跟别人的优势相抗衡，无异于以卵击石，结果是败得很惨。

美国微软公司总裁比尔·盖茨有一句口头禅：“做自己最擅长的事。”这句话被众多的企业家认同。如果你留心那些成功人士，就会发现他们有一个共同特征：不论智商高低，也不论他们从事哪一种行业、担任何种职务，他们都在做自己最擅长的事。

盖洛普名誉董事长唐纳德·克利夫顿曾说过：“在成功心理学看来，判断一个人是不是成功，最主要的是看他是否最大限度地发挥了自己的优势。”可往往有些人不在意这些事，觉得天底下没有自己干不了的事，没有自己做不成的行业，盲目地“挑战极限”，结果也不言而喻。

无论一个人具备多么好的天赋、多么高的智商，他也不可能将所有能力收于囊中，难免存在优势与劣势。就才能而言，有人敏于感知，有人善于记忆，有人强于创造，有人思维活跃，有人逻辑缜密，有人判断客观，有人处事巧妙……既然人各有所长，也各有所短，那就应该处理好“长与短”的关系。但凡聪明的人，都懂得“善用其长，不显其短”的道理。一般说，善取长弃短者，都能将自己的优势发挥到最大化，反之，舍长就短者，便难以称为智者。

当然，光有优势还不够，还需要我们不断经营、不断学习；否则，我们便会跌倒在自己的优势上。

三个旅行者同时住进一个旅社。早上出门时，第一个旅行者带了伞，第二个旅行者带了一根拐杖，第三个旅行者什么也没有带。

晚上回来的时候，带伞的旅行者淋得浑身是水，带拐杖的旅行者跌得浑身是伤，而第三个旅行者却安然无恙。

带伞的旅行者说：“当大雨来的时候，我因为有伞，就大胆地在雨中走，却不知怎么淋湿了。当我走在泥泞路上的时候，我因为没有拐杖，所以走得非常仔细，专拣平坦的地方走，所以就没有摔伤。”

带拐杖的旅行者说：“当大雨来临的时候，我因为没有带雨伞，便拣能躲雨的地方走，所以没有淋湿。当我走在泥泞路上的时候，我便拄着拐杖走，却不知为什么常常跌倒。”

第三个旅行者听后，笑：“当大雨来临时，我躲着走；当路不好时，我小心走，所以我没有淋湿，也没有跌倒。你们的失误在于你们有凭借的优势，认为有优势便少忧患。”

以上的故事，揭示了我们生活中的一种现象：许多时候，我们不是跌倒在自己的劣势上，而是跌倒在自己的优势上。

可是，到底怎样做才能让自己更好地发挥优势，避免它的牵绊呢？

第一，自己在意识上一定要引起重视，就是要重视事情的各个方面，每一个方面，每一个细节。不要因为它影响小，就轻视它；不要因为它简单，就轻视它；不要因为它从来没发生过问题，就轻视它；意识上不能有一点疏漏；哪里有疏漏，哪里就有可能被“病毒”侵入。所以，我们在生活和工作中，都需要认真对待每一件事，重视每一个细节。可以做不到，但不能意识不到。

第二，避免骄傲自大。被自己的优势绊倒这个问题和自己内心过于轻视、骄傲自大是有很大关系的。总是觉得自己某些方面很强，从而掉以轻心，忽视了自己不断学习强化的过程，所以最终败给了自己。朋友们，不论自己有多优秀，也要懂得谦虚做人。骄傲是自己的天敌，不断学习才能获取更大的成功。我们要学会合理利用自己的优势，不断地去强化自己，把优势发挥到更高的水平，而不是依赖它，把优势变成阻挡你前进的绊脚石。

第6章

与自己静处，孤独是爱最意味深长的赠品

生活中，我们每个人都是社会的人，都是集体的人，都需要扮演一定的角色，甚至有时候还需要戴着面具与人打交道。你是否感到，很多时候，宁愿自己独处，也不愿意面对别人。其实此时，独处才是让你舒服的生活方式。然而，独处是一种能力，我们每个人都应该在寂寞和孤独时开发自己快乐的源泉，给自己安排一片只属于自己的小天地，以此品味孤独，实现心灵的成长。

你有独处的能力吗

提到独处，想必生活中的大部分人早已习惯呼朋唤友、三五成群甚至是灯红酒绿的生活，他们很难安静下来，一旦独处时，会显得手足无措，不知如何排遣时光。所以说，不是所有人都有独处的能力。

其实，学会独处，最重要的是让自己的心安静下来。生活中，尤其是当你感觉情绪压抑、心情紧张的时候，当你感觉在生活中失去方向、陷入迷茫的时候，请学会安静下来，给自己留点时间用于品味生活。找个清静的地方待一待，从纷乱嘈杂的现实中退出来；在安静、沉寂中思考自己的人生，扪心自问自己想要怎样的生活。学会独处，让自己躁动不安的心逐渐归于平静。

不得不说，生活中的很多烦恼和不快都来自自己的内心，要想平衡心理问题，就必须心静，宁静可以致远。只有在独处的时候，大脑才会更加清醒；只有在独处的时候，身心才能彻底放松下来。有人用一杯香茗独处，有人用一段音乐独处，有人用一本爱不释手的好书独处，有人用窗外的远山独处，也有人放空心灵，什么都不想，让自己的整个心灵处于空白和清零的状态。生活的环境越是浮躁、焦虑，人们就越是需要时间宁静地独处。倘若你能够时常留出时间来独处，甚至享受孤独和寂寞的滋味，那么你必定拥有一颗成熟的、淡定的、平静的心灵。

我们再来看下面一个白领女性的故事。

有段时间，小刘的生活简直是一团糟糕。在生活中，她70多岁的老妈妈生病住院了，而且她5岁的女儿也得了肺炎住院了；在工作上，因为助理的疏忽，她的一个建筑设计方案涉嫌剽窃，被另外一家公司的负责人起诉，不日就将开庭；而对于自己，可能是因为人到中年吧，总是觉得精力不济，思想涣散，不管干什么事情，都打不起精神来，因此只能一日一日地强撑着熬过去。

一个偶然的机会，小刘认识了一位作家，跟作家相处了几次，她学会了独处，尤其是夜深人静的时候，她会暂时与孩子和家人分开，在书房里静静地待一会儿，戴上耳机，靠在椅子上，躺着躺着就能睡着。她发现，时间一长，很多问题似乎都明朗了，自己也精神抖擞起来，对于那些糟心的问题，她也不害怕了。

的确，生活中，很多人都和故事中的小刘一样，因为工作、生活，不得不四处奔波，硬着头皮在喧嚣的尘世中闯荡，长时间下来，他们疲惫不堪、精神紧张，却不知如何调节。其实，如果我们能挤出一点时间独处的话，我们的心情也许会得到舒缓。

我们不得不承认的一点是，现代社会，随着物质生活的提高和科学技术的进步，一些人被周围的花花世界所诱惑，一有时间，他们就置身于灯红酒绿的酒吧、歌厅，就连独处时，他们也宁愿把精力放在玩游戏、上网上。时间一长，他们的心再也无法平静了，他们习惯了天天玩乐的生活，再也没有曾经的斗志，最后只能庸庸碌碌地过完一生。

诸葛亮说："非淡泊无以明志，非宁静无以致远。"然而，身处闹市，我们该如何才能获得宁静？只有让自己的心沉静下来。相反，假如我们让心随波逐流的话，那么必定流于俗套，为了眼前的浮华而拼命去追逐、去求索，这样的人生非但不能宁静，而且不能淡泊。处于喧嚣的尘世中久了，你会习惯众人聚集的生活，这个时候，你再也忍受不了孤独，更谈不上享受孤独了。

事实上，那些真正心静的人，崇尚简单的生活，极少抛头露面，换来的是对人生对社会的宽容、不苛求和心灵的清净。他们像秋叶一样静美，淡淡地来，淡淡地去，给人以宁静，给人以淡淡的欲望，活得简单而有韵味。

尘世中的我们，也应该有这样一份安然、宁静的心。然而，如何才能让心宁静呢？

首先，学会让自己安静，把思维沉浸下来，慢慢降低对事物的欲望。经常自我归零，每天都是新的起点，没有年龄的限制，只要你适当降低对事物的欲望，会赢得更多的求胜机会。所谓退一步海阔天空。

假如遇到心情烦躁的时候，你可以喝一杯白水，放一曲舒缓的轻音乐，闭眼，回味身边的人与事，对新的未来可以慢慢地梳理，既是一种休息，也是一种冷静的思考。

其次，阅读也是让我们凝神静气的方法。阅读实际就是一个吸收养料的过程，你的求知欲在呼喊你，要活着就需要这样的养分。

我们应该保持一个良好的习惯，每天给自己一点时间独处。其实，独处很简单，你可以在楼下的花园散散步，看孩童嬉戏；可以一个人看一场电影，喝一杯咖啡，看一个小时的书籍；也可以做做瑜伽。这个时候你才是真正地放下了，一个人越是有许多的事情能够放下，他越是富有。

我们每个人，只有跟自己相处的时候，才能听到自己内心的声音。我们看厌了平日里的世事纷争，我们需要忙里偷闲，让自己关掉和这个世界衔接的开关。这个时候不再刻意说什么、做什么，这样才能活成自己，其实，所谓活成自己，不过如此简单。每天留点时间，与风景、音乐、空气、轻风相处，不负时光，不负自己。

总之，繁华闹市，我们唯有让自己的心宁静下来，才能看淡得失、宠辱不惊，来去无意，才能活得快活恣意。

享受独处，是成熟的标志之一

生活中的你，随着年龄的增长，是否有这样的感觉：以前觉得一个人吃饭逛街很难为情，但现在却无比享受；如果有人打电话约你，你宁愿拒绝，你不喜欢呼朋唤友、推杯换盏。你可能会纳闷，也许会感叹，大概是真的老了吧……其实，这种宁愿“孤单”的心理状态，就是认识到了独处的妙处。

的确，一个人独处的时候多了，有时就宁愿一个人做自己喜欢的事，而独处的此时此刻，或许正是沉浸在一场放荡不羁的思想“狂欢”之中……其实，这也是成熟的标志之一——越来越享受独处。人成长的过程，其实是一个自我了解、完整认知的过程。从一开始亦步亦趋地学习，到后来独立思考走进自己的灵魂深处，独处是必不可少的环节。

玲玲是一位全职妈妈，她的朋友也大多数都是在家带孩子。一次，她和这些闺蜜聚会时，袒露了自己曾经的经历。她坦言，由于习惯了陪伴孩子而导致孩子上学后的很长一段时间，她感到无比空虚，无法适应一个人的生活。

每天，把孩子送到学校之后，她必须立即去那些人多的地方，才不至于觉得难受。面对着空荡荡的家，她觉得自己的心似乎也被掏空了，所以她强烈感觉自己必须赶快看到人，和人说说话、聊聊天。但是，总不能一直在市场或者超市啊，一旦做完该做的事情，她还是得一个人回家。在家独处的时候，她总是非常焦虑地等待着孩子放学回家，似乎只有孩子回家了才能打破那一屋子的寂静。这种煎熬持续了很长一段时间，直到她发现自己的身体有了不适。除了就医治疗之外，她开始关注自己的心灵，积极寻求方法改善自己的状况。

后来，她经常抽空回家探望自己的母亲，与亲密的朋友一起参加自我成长课程，而且报名参加了自我提高培训班。眼下，她的生活作息时间与之前差不多，但是，她的心境却有了很大的改观。现在的她再也不怕独处了，而是能够非常享受地度过自己的独处时光。她的心境变得越发平和，总是充满希望地迎接每一天，她的变化使她与家人之间的关系也更加亲密。

玲玲的朋友们听完了玲玲的陈述，好像突然有所领悟，也开始反思自己的生活：自己已经习惯走路都要小跑的忙碌生活，现在还有闲下来独处的能力吗？

在安静平和的一个人的世界里，你能够更加成熟理智地看待这个纷繁复杂的尘世，充分地享受心灵的无拘无束、自由自在。很多时候，假如你已经习惯喧闹，往往很难立刻安静下来。独处时的安静，并不是我们平时所说的外在环境的安静，而是身与心和谐连接时，才能达到的和谐境界。一旦我们的身与心赤裸裸地相遇，就会马上暴露我们平常的身心相处的状态——是身心一致还是身心分离呢？独处时的安静，要求我们的身心高度和谐一致，要求我们必须全身心地专注于自己的身心。只有这样，才能真正达到宁静致远的境界。

的确，生活中，很多人都因为工作、生活，不得不四处奔波，硬着头皮在喧嚣的尘世中闯荡，长时间下来，他们疲惫不堪、精神紧张，却不知如何调节。其实，如果我们能挤出一点时间独处的话，享受孤单的乐趣，那么，我们的心情也会得到舒缓。

有句话叫“平日越热闹，独处越重要。生活越慌乱，独处越困难”。的确，外人都只能陪你走过一段路，没有人可以真的陪你一辈子。其实独处并非孤独，更不是别人眼中的凄凉。有时候我们选择一个人去做一些事，并不是因为没有朋友陪伴，而是更遵从自己内心的喜好，更喜欢自我对话、自我选择、自我了解的过程。

当你真的找到自己的节奏，你会发现从独处中得到的内心喜悦，从来不会比从众人热闹中得到的少。

一个人安静地待着的时候，更容易想明白一些道理。你会发现其实对于某些决定你并非需要别人的意见，你内心深处早就有了判断的答案。

向任何人倾诉都不比与自我对话来得更彻底、更清醒、更舒服。每个人都有自己的生活，读懂自己比表达自己更重要。

有人说，我们的一生需要学会很多技能，而如何在孤单中狂欢似乎也是重要的生存技能之一。要知道，真正的灵魂自由都是在独处时得到的。其实，人的一生似乎都是在想如何逃离或者摆脱孤单，希望在欢歌笑语中感受快乐，在众星捧月中体会愉悦，在轻声慢语中排解烦恼，在声色犬马中度过闲暇。但孤单不是简单的孤独和寂寞，只是对外界形成的一种感慨，可能是对喧嚣的排斥，可能是对拒绝的反感，可能是对抛弃的恐惧，也可能是对空虚的感受。孤单并不是一件坏事，每个人都拥有孤单的权利，孤单更是一个人的狂欢，可以让思想天马行空，可以让举止无拘无束，可以让言语无所顾忌，可以让行为回归自然。孤单中才会摆脱世俗的羁绊，孤单中才会出现真实的自我，甚至一幅传世画作、一曲美妙旋律、一首隽永诗词、一个奇思妙想、一篇惊骇文章，都有可能是孤单之后的杰出之作。

梦想就是一场孤独的旅行

我们都知道，大千世界，处处都是存在辩证法的，有得就有失，有失也有得，得与失是矛盾的统一体，要成功，就必须放弃享乐；要实现梦想，就必须放弃呼朋唤友。事实上，我们也不难发现，但凡做出一些成就的人，他们必定会经受一些磨难，吃尽苦头，才能等到出头之日，一鸣惊人。在这个过程中，他们选择奋斗，选择放弃喧闹的娱乐生活，不断地忍耐着痛苦与辛酸，精神上的，身体上的，那些痛彻心扉的日子，他们咬着牙，将滴落的血吞进肚子里。有时候，为了实现自己心中的理想，他们可能需要寄人篱下，甚至遭人白眼、受人讽刺，但他们都忍耐了过来，在这个过程中，他们放弃的就是暂时的享乐。但实际上，他们明白，他们最终会有守得云开见月明的一天，到那时，曾经孤独的日子都会变成自己骄傲的过往。

在电影《神迹》中，维维安因为家境贫穷，从高中时期就开始勤工俭学，努力为自己积攒学费。然而，他辛辛苦苦攒了好几年的钱，却因为银行倒闭而分文无归。无奈之下，维维安只得从事最低级的工作，以维持生计。后来，他偶然进入巴洛克教授的实验室工作，主要负责清洗实验器具。对于维维安的工作表现，巴洛克教授开始并不满意。他甚至认为维维安笨拙的双手并不适合做清洗工作，但是最终维维安却通过努力证实了自己的能力。除了圆满完成工作之外，维维安还很努力地利用闲暇时间攻读医学书籍。最终，巴洛克被维维安对于医学的热爱感动，让维维安当他的助理。这份助理工作，维维安干了很久很久。

他在巴洛克身边做着真正的助理工作，但没有任何名分，而且薪水特别低。最可怕的是，在那个种族歧视特别严重的时代，维维安还要忍受他人的鄙视和白眼。当时，恰逢巴洛克教授正在研究对紫绀病的治疗，在大家都不认为紫绀病能够治愈的时候，巴洛克教授在维维安的大力支持和协助下，成功地以狗作为试验对象，证实了血流的方向是可以改变的，最终给紫绀病患者带来了福音。他们在研究过程中，配合越来越默契，操作越来越熟练。在给真正的病人进行手术时，维维安必须时刻站在巴洛克的身后，在重要的时刻指出和纠正巴洛克的失误。然而，因为黑人的身份，巴洛克在任何庆功会或者露脸的场合，从来不会提到维维安的名字，甚至是在发表的诸多论文上，也只有他自己一个人的名字。为了参加庆功会，维维安不得不伪装成仆人的样子，才能混入会场。这样的悲哀，让人心生难过。终于有一天，维维安气愤地离开了实验室。然而，没过几年，维维安再次回到实验室，再也不计较功名利禄，只为了能过上自己想要的生活——在实验室里与疾病做斗争。

直到若干年之后，一直默默付出的维维安才得到医学界的认可，他的油画像与巴洛克的一起，悬挂在霍普金斯大学的墙壁上。

面对前半生的默默无闻、毫无名分，维维安始终因为对科学的热爱而默默忍受。即便在愤而离去之后的几年时间里，他也没有一刻忘记自己热爱的医学事业，最终又回到实验室，继续过自己想过的生活。这样的生活，在他人眼里也许很傻，而且维维安也不确定自己是否有功成名就的那一天。然而，仅仅因为热爱，他就认为值得付出。功夫不负有心人，终于，维维安与巴洛克一起并列医学的至高殿堂。因为坚持去做，他最终成为自己想要成为的人。

现实生活中，每个人对于生活都有不同的憧憬。面对梦想，我们每个人都应该沉下心来，努力积累知识、充实自己，就能充分发挥自己的价值。总之，我们要告诫自己，绝不做一个没有追求、漫无目的的享乐主义者！

因此，无论何时，我们都要控制自己的“玩”心，享乐只会让我们不断沉沦，闲暇时我们不妨多花点时间看书、学习，不断地充实自己，才能在未来激烈的社会竞争中立于不败之地。

在独处中成为你自己

现今社会，各行各业竞争激烈，人与人之间的关系变得日益复杂。为了事业、为了前途、为了求平安，有些人在领导、同事、朋友面前，丢失了真实的自己，并美其名曰适应时代潮流。而事实上，长时间地伪装只会让自己身心俱疲。不可否认，那些能追求真实自我的人往往生活、工作得更快乐、舒心。因此，如果你也想活得快乐，不妨寻求独处的机会，在独处中发现和找到真实的自我。

陶渊明之所以归隐田园，就是因为他不愿伪装自己、屈尊与奸佞之流同流合污，李白的“仰天大笑出门去，我辈岂是蓬蒿人”也是一种写照。然而，也不乏那些以为伪装就能保全自己而最终玩火自焚的人。

当然，现实生活中，人们偶尔戴着面具与人交往，有时候并不一定是恶意的或者是自私的，某些时候是为了顾全大局，或者为了求得在夹缝中生存，或者为了所谓的面子。但无论哪种目的的伪装，都是对最本真的自我的一种掩饰，都是一种身心的折磨。可以说，那些长久伪装的人，必定是身心俱疲的。

然而，要卸下伪装，需要我们在独处中静下心来，倾听自己内心真实的声音，寻找到属于自己的人生意义，勇往直前坚持到底。

夜幕降临，喧闹的城市已经安静下来了。

林先生和所有的城市白领一样，在忙完一天的工作后，准备回家，但心情郁闷的他还是决定先去呼吸一下新鲜空气。今天，他和上司吵架了，他们在下半年的年度计划安排上产生了很大的分歧，上司批评了他，他在考虑要不要辞职。

他把车停在护城河边上，接下来，他打开自己喜欢的轻音乐，靠在了椅背上，他觉得自己好累。在这家公司工作5年了，5年来，他一直很努力，但不知道为什么他好像总是得不到上司的肯定，也一直没有升职的机会。可以说，他在这家公司一直工作得不开心，这到底是自己的原因还是没有遇到伯乐呢？

他反复思考着这个问题，最终，他发现，原来自己根本不喜欢这份工作，他一直倾向于设计类的工作，从大学开始，这就是他的职业理想，但毕业后的他却因为生计问题选择了现在的工作。

想通了以后，他轻松了很多。第二天，他将辞呈放在上司的办公桌上，离开了公司。这让很多同事感到愕然，但内里原因只有他自己知道。

这则案例中，林先生为什么做出辞职这个重大决定？因为静下心来他发现，自己的职业理想并不是现在的工作。这就是独处的力量！

朗费罗说："别人借我们过去所做的事来判断我们，然而，我们判断自己，却是凭将来能做些什么事。"通过认知自己到孕育自己，这是一个美好的人生历程。自我认知是一种严谨的人生态度，自信而不自满，无论是春风得意还是失败困惑，我们依然保持最平常的心态。

生活中的我们，也应该安静下来问自己，我们到底是在不断提升自己还是只顾面子，不肯跟自己"摊牌"呢？或许有正直不阿的指导者，曾经指出你身上存在的问题或闪光点，但可能你根本不愿意承认这些，因为你不愿意让他人看透自己。

生活中，我们常常听到大人教育孩子："不要太自我，要对什么人都好。"在这种情况下，许多人学会把自己包装起来。但这样做真的会有好处吗？

所以，一切注重灵魂生活的人对于卢梭的这句话都会有同感："我独处时从来不感到厌烦，闲聊才是我一辈子忍受不了的事情。"这种对于独处的爱好与一个人的性格完全无关，爱好独处的人同样可能是一个性格活泼、喜欢朋友的人，只是无论他怎么乐于与别人交往，独处始终是他生活中的必需品。

任何一个人，只有学会倾听自己内心的声音，才可能不断挖掘出自身发展过程中不足的部分。面对激烈的竞争，面对瞬息万变的环境，那些不愿意反省自己或者不愿意及时改正错误的人，必将面临衰败的结局。同时，在快节奏的信息社会中，一个人如果不能及时察觉自身的缺点，不能用最快的速度修正自己的发展方向，必然会在学业和事业中落伍，被无情的竞争淘汰。

在独处时，我们能从人群和烦琐的事务中抽身出来，这时候，我们独自面对自己和上帝，开始了理智与心灵的最本真的对话。诚然，与别人谈古论今、闲话家常能帮我们排遣内心的寂寞，但唯有与自己的心灵对话、感受自己的人生时，才会有真正的心灵感悟。和别人一起游山玩水，那只是旅游；唯有自己独自面对苍茫的群山和大海时，才会真正感受到与大自然的沟通。

低质量的社交，不如高质量的独处

生活中，我们大部分人每天总是踩着忙碌的步伐离开家，进入职场，进入社会。你忙于交际，疲于应付，但你的社交生活真的有用吗？你是否有一刹那的落寞：原来我是在迎合别人的欢笑，原来我牺牲自己却并未获得好人缘。现在，我要告诉你一个血淋淋的事实：你认为的社交其实不过是蹉跎人生。

的确，很多人认为交的朋友越多越好，其实不然，我们真正的朋友并不需要太多，“人生得一知己足矣”。大部分人只是在消耗你的人生和精力，而真正良性的友谊是积极向上的，带给你幸福的。那么，从现在起，你的第一件事就是学会远离低质量的社交，要知道，低质量的社交不如高质量的独处。

25岁的王小姐当文员已经6年，进这家公司也有3年了，半年前来到现在所在的销售部。这个部门一共有20多名工作人员，男女人数相当，销售员全是男性，行政人员是清一色的女性。

王小姐平时上白班，每天工作8小时，一周工作5天。王小姐的爱好比较广泛，唱歌、看电影、插花等。下班后，她习惯回家吃饭、看书、上网、陪家人，也偶尔跟同事吃饭、唱歌。

王小姐的同事则喜欢下班后聚在一起打麻将，一般都有固定的牌友。“3个月前的一天，她们三缺一，我看实在找不到人，就跟她们打了一次。”王小姐说，她其实比较讨厌打牌，也不怎么会打，“没想到有了第一次，她们每次打牌都要喊我。”

渐渐地，一遇到同事下班约她打牌，王小姐心里就五味杂陈，本来就不太会拒绝人的她也曾说过“不想去”，但在同事的软磨硬泡下，每次到最后都被迫陪打。同事“游说”的那些话，王小姐随口就能背出几句，“哎呀，就是几个同事耍一会儿，不会有好大个输赢，就当是混时间”。“去嘛，你看我们三缺一，心里好受啊？”……

于是，3个月下来，王小姐每个月要被迫陪同事打三四次麻将。本来就不太会打麻将的她“很受伤”——基本上每次打麻将都会输掉100元以上。9月还没完，就已经打了3次，输了600多元了！前天，同事又与她约好了下一场牌局，对此，王小姐表示很无奈。

对王小姐而言，下班被迫打麻将给她带来的困扰远不止输钱那么简单。王小姐说："本来这个月，我要参加公司举办的征文比赛，就是因为她们老是约我打麻将，最后我错过了交稿时间。"平时下班后就去打麻将，回到家都深夜12点过了，洗漱完就凌晨1点多了，想到第二天还要去上班，根本就找不到写文章的状态。

尽管被迫打麻将，王小姐也怕自己上瘾，因此心理压力一直比较大，她说："打麻将的那段时间，每天晚上睡觉都梦见自己打麻将，弄得自己的精神状态很差。"

上例，对于王小姐来说，她经常被同事拉去打麻将，已经严重影响她的工作和生活，可以说是低质量的社交。实际上，人们穿梭于闹市之中，已经习惯忙碌、灯红酒绿、觥筹交错的生活，以至于在独处时显得内心慌乱、手足无措。实际上，我们每个人都应该珍惜与自己相处的时间，因为群居得太久，我们很容易忽视自己的内心。

人在独处之时可以想许多事情，可以不受他物的牵绊，让自己的思想尽情遨游，在深思熟虑中获得生命的体验与感悟。这就是独处的妙处。大凡智者，都会将一个人的生活也过得有滋有味，他们会紧紧抓住有限的时间提升自我，而不是呼朋唤友或者唉声叹气，浪费光阴。

可见，一个人只有懂得认识自我价值，不断努力提升自己，才能创造价值。人生就是这样，如果能够做到不断提升自我，让自己永远具有吸引力，就不怕没有人发现。而这一过程，需要我们在独处时完成。与其四处找船坐，不如自己修一座码头，到时候何愁没有船来停泊。所以说，闲暇时间，不如学会静享独处时光吧。

那么，高质量的独处是怎样的呢？一个人的时候，我们该如何充实生活呢？

你可以听听音乐、冥想或者写一些文字，以此来洗涤心灵，但无论如何，请不要在寂寞中沉沦。

因此，我们每个人都要珍惜和自己独处的时间，当你独处时，也不要消极和无聊，你完全可以抱着积极的心态去做些事。例如读书，古人云："书中自有黄金屋，书中自有颜如玉。"书籍是人类进步的阶梯，你可以从书中获取知识、增长见识。你可以坐在阳台上，也可以蜷缩在沙发里，随时随地都可以进入书的海洋。

另外，你还可以专注于手头工作和学习，那么，你便能沉浸在自己的世界中，又怎么会感到孤独呢？

举个很简单的例子，炎炎夏日，农夫想如何把稻子割完，学生一心要读完一本书，他们都是不孤独的，只有无所事事的人，才会觉得内心空虚、寂寞，需要与人为伴。

第 7 章

邂逅艺术，这些文艺修养让你的灵魂都充满香气

人生短短几十载，我们终会老去，但一个人发自内在的气质却可以永存，聆听过古典音乐的耳朵，欣赏过美术作品的眼睛，吟诵过唐诗的嘴巴，所表现出来的优雅和高贵，会让一个人的灵魂都充满香气。另外，有艺术爱好的人，他的生活绝不是枯燥无味的，无论在人生的什么阶段，他们总是能将生活过得鲜活有趣。

培养文艺气息，是我们珍贵的权利

有人说，有趣的生活，少不了文艺，如果太普通，毫无趣味可言，那么，他们的一生就会像胶卷一样，属于我们自己可以做主的部分很少。而一个以文艺为爱好的人，就会在举手投足间展现出吸引人的特质。

的确，人生短短几十载，任何一个人，都会随着时间的流逝而衰老，但一个人由内而外散发出来的气质是可以永存的。聆听过古典音乐的耳朵，欣赏过世界艺术作品的眼睛，吟诵过唐诗的嘴巴，看过时尚杂志培养的品位，所表现出来的优雅和高贵，是经得住岁月的检验的。

可见，我们每个人都应该培养自己的文艺气息，这是我们珍贵的权利，也能帮助我们在平淡无奇的生活中增添一些色彩。

当然，热爱艺术并不是附庸风雅，也不是拿来作秀的，而是基于内心对生命和生活的那种极度的热爱，自然流露出对艺术的浓厚兴趣，让自己的生活充满艺术的气息。做一个热爱艺术的人，让艺术成为自己生活中的一部分，慢慢品尝生活的美妙。

很小的时候，我就很喜欢书法。在上中学之前，我都是跟着奶奶住在乡下的，那时候，每天晚上，我都会拿出一张大报纸，然后趴在桌子上练习写字。

上初中的时候，我报名参加了学校的书法班，老师们都夸我的字写得好。后来，我代表学校参加了市里的书法比赛，没想到我还拿了第一名。从那以后，我就树立了一个梦想，我要当一个女书法家。幸好，母亲支持我的决定，每天晚上，我都会去书法老师那儿学上一个小时。

现在，我已经实现自己的梦想，当母亲看见挂在书法展上我的作品时，她激动地流下了眼泪。

从上面的案例中，我们看到了一个热爱书法的女孩的成才历程。

生活往往就是柴米油盐构成的单调的曲子，如何把这支曲子变得快乐起来？这就要靠我们自己来谱写，一个具有文艺修养的人的生活绝不会单调、死气沉沉，他的生活是精致的，他自己也是快乐的。

自从和丈夫结婚后，丽丽就在朋友的羡慕中辞职做了全职太太，和大多数女孩一样经历了怀孕、生子。她的人生似乎就应该围着丈夫和孩子转。可是她并不开心，因为她感觉自己生活得很空虚，每天丈夫回家后，他们的话题就是孩子今天怎么样，今天吃什么。丽丽越来越觉得自己的生活很压抑，需要呼吸一下外面的新鲜空气。

有一次，她和同学聚会，对以前的几个闺中密友说了自己的苦衷，其中一个人对她说：“你真是身在福中不知福，不愁吃不愁穿的，丈夫养着。我们呢？为房子、为孩子什么时候闲过？你还说空虚？”另外一个同学说：“你的想法我明白，我以前也是这样的，一个人没有了生活的乐趣和追求的目标，简直生不如死，一个人被限制在家庭中，的确很苦闷。你啊，应该重新去寻找生活的目标，有了兴趣，生活自然就有了意义。”听了同学的话，丽丽决定出去工作，重拾自己的舞蹈事业。

从那以后，丽丽忙碌起来了。虽然忙，但她的生活有滋有味，她也慢慢地了解到丈夫工作的辛苦，两人的关系似乎又回到了恋爱的时候。

的确，培养文艺爱好，能丰富自己的心灵。这些有文艺气息的人，无论再怎么忙碌，他们也会用文艺来丰富自己的心灵。因此，他们的生活绝不是枯燥无味的，无论在人生的什么阶段，他们总是能散发出与众不同的气质。

生活中，任何一个人，都可以从以下几个方面培养自己的文艺修养。

1.绘画

生活中，有这样一些人，他们有双神奇的手，能将美好的事物永远记录下来，他们就是懂绘画艺术的人，无论外在世界如何变化，他们总是能找到让自己沉浸的方法；他们不羡慕那些拥有财富名利者，他们一身粗布衣服，并且总是沾满了颜料，但他们似乎具有某种魔力，经过他们点缀的空白纸张立即栩栩如生；当周围的一些人感叹内心空虚、时光难熬之时，他们却因为审美、绘画技巧的提高而欣喜若狂……他们爱艺术，尤其爱绘画，因为他们觉得，画纸上的一切才是永不过时的美丽。

2.舞蹈

也许在你小时候，曾在头脑中幻想过这样的场景：在一片空旷的场地上，音乐声缓缓奏起，你穿着一双舞鞋，在音乐声中尽情地舒展自己的身体，尽情地表达自己的心情。

舞蹈能给我们的生活带来许多快乐。舞蹈要求动作优美，富有表情和节奏感，一般与音乐和光相结合，给人以强烈而直观的美的感受，也可以培养我们对体形美的认识和韵律感。

3.摄影

有人说过一句精辟的话：摄影家的能力是把日常生活中稍纵即逝的平凡事物转化为不朽的视觉图像。我们可以说，任何一个热爱摄影的人都是生活的艺术家，都热爱生活，都有一双捕捉生活中的美的眼睛。所以，他们眼中的世界是完全不一样的。

当然，除了以上几个方面外，我们可以进行学习的还有很多方面，在竞争节奏加快的现代社会里，人们为了事业奔波，很多人都忙于追求名利、追求物质，却忽略了自己的内心，而当一个人独处时，可曾想过有否错过生命中更重要的东西？

音乐——让你保持内心安宁

现代社会中的人们，每天都要面临繁重的工作压力和生活压力，难免会有情绪低落或者内心烦躁不安的时候，那怎样才能让人们拥有一颗安宁的心呢？我们发现，生活中，那些爱音乐的人总是生活得恬淡、舒适，总是能将自己置身于静谧的世界中。的确，那些音乐爱好者往往很注重自己语言表达的节奏性。他们说话的语调柔美，声调抑扬顿挫，富有极大的磁性，语言逻辑严格，条理性很强，使周围的人们容易接受，感觉也比较舒服。

音乐是人类最美好的语言。听好歌，听轻松愉快的音乐会使人心旷神怡，沉浸在幸福愉快之中而忘记烦恼。放声唱歌也是一种气度，一种潇洒，一种解脱，一种呼唤。

有人曾经这样说："有一种声音可以用一生倾听，有一种温柔可以环抱一个年代，那就是邓丽君。"她那独特迷人的声音影响了几代人，直到现在，她的声音还是经久不衰。由此可见，良好的语言表达需要具备独特而有魅力的音色，这样你所说的话、所唱的歌，才能深入人心。

邓丽君的声音有一种特别的气质，那是一种若干年后你再听到仍然愿意为此驻足街头的声音……事实上，邓丽君虽然从小就表现出极佳的音乐天赋，但她的声音并不是完美无缺的。她原本是一副小嗓门，声音比较柔和单薄，这种先天因素并不容易改变。为此，她的音乐老师姚厚笙对她进行细致的指导，由发声方法到歌唱习惯，均悉心调教。

1984年，已经蜚声全球的邓丽君专程到英国向声乐老师学习运气、发声和共鸣。事后她说：“我需要在每个阶段的学习后停下来，解决一些本身存在的问题，挖掘一下没有发挥出来的潜力。”在英国学习期间她很用功，每天会练习六七个小时。“我的老师让我每天起床后，都要吊嗓子30分钟。早晨还没有开声，练提气练到最高处，发出的声音是很难听的。”有一回，她吊完嗓子，酒店服务员给她送茶水时，在杯垫上写了一行字：“我们英国人最讨厌有人在早晨乱叫！”弄得邓丽君一时哭笑不得。

在经过刻苦训练之后，她的声音充满了东方女性的神韵，温柔不失坚强，美丽而且善良……她唱歌时几乎听不出有任何换气的地方，她可以在没有鼻音的状况下唱出连续的高音，而且她的咬字也非常清晰，令人着迷。

哲人说，音乐有一种可以唤醒沉醉灵魂的力量。音乐作为一种艺术，它之所以能打动人，是因为它能以动感的声音方式表现出一种情感，它所蕴含的宁静致远、清淡平和，可以使终日奔忙、身心俱疲的现代人得到彻底的放松。作为奔波于现代闹市中的人们，一定要懂一点音乐。在音乐的圣殿中，我们能暂时忘记生活的烦琐，工作的不顺心，让音乐滋养我们的心灵。

德国女钢琴家克拉拉·舒曼可以说是一个音乐圣女，她全身散发的都是艺术的气息，她的生活无不和音乐有关。因为艺术，她与众不同。

她在16岁时已誉满欧洲，得到歌德、门德尔松和帕格尼尼等大师的赞许。肖邦说："她是在德国唯一懂得正确弹奏我的作品的人。"克拉拉是首位建立起国际声望的女性钢琴家。她在1840年21岁时嫁给舒曼，并将伟大的钢琴演奏家、贤惠的妻子和慈祥的母亲等优秀品质集于一身，而且达到了空前绝后的平衡。

钢琴家皮尔斯·拉里对此表示赞同："她绝对是一位非常了不起的女性，经历了那么生活的坎坷，她是一位天才的作曲家，也是一位杰出的钢琴家。"

不幸的是，她37岁便失去丈夫，并且苦难并未因此停止。孩子的病痛和死亡仍不断地考验着她。但因有勃拉姆斯及尤阿席姆等人支持，同时她常借弹琴来安慰自己的精神，在往后的40年间，她又将生活重心转移到演奏中来。勃拉姆斯担心克拉拉的风湿病情，曾劝她停止奔波的演奏生涯，但克拉拉却因此受到伤害，她寄了一封信给勃拉姆斯："我一停止演奏，心情就会变得非常不好。对我来说，钢琴演奏等于我的生命。"

对克拉拉来说，音乐就是她的生命。其实，这便是音乐的魅力，即使生活再怎么考验她，但只要有音乐的陪伴，她就能鼓起生活的勇气。她没有因为生活的折磨和苦难让自己变成一个牢骚满腹的怨妇，而是坚强地扮演好了母亲、妻子、钢琴家的角色。

在现实生活中，并不是每一个人都能像克拉拉一样，有着超人的音乐才华，但是，平凡的我们依然可以用音乐来装点自己的生活，感知艺术，感染艺术气息，让自己成为一个有品位的人。

另外，在医学上有个著名的音乐疗法。音乐疗法，指的是通过生理和心理两个方面的途径来治疗疾病，一方面，音乐声波的频率和声压会引起人生理上的反应；另一方面，音乐声波的频率和声压会引起人心理上的反应。听音乐时，音乐能够启动大脑的情感中枢，这一大脑区域与人在受到食物、性以及麻药甚至毒品刺激下变得异常活跃的区域完全一致。这一发现具有非常重要的意义，因为音乐不会像药品那样直接对人的大脑产生作用，所以这种间接作用就显得更为神奇。

音乐疗法是一种令人愉快的自然疗法，它能提高人们大脑皮层的兴奋度，改善人们的情绪，激发人们的感情，振奋人们的精神。同时，有助于消除心理、社会因素所造成的紧张、焦虑、忧郁、恐怖等不良心理状态，提高应对能力。

总之，任何一个行走于世的人，都应该偶尔静下心来给自己一段时间感受音乐的魅力，它会让你摆脱世俗的压力，获得一份安宁的心境。

绘画——用画笔记录丰富多彩的艺术世界

无论我们居住在哪个城市，城中过多的人为噪声和喧闹，那一幢比一幢更庞大、更拥挤不堪的建筑群，是否让人们日益浮燥不安，压抑挤迫着可怜的神经，让你的心境处于并不怎么美妙的状态？那么，何不寻个机会，去找寻自己当初对绘画的热爱呢？

小李是一个刚毕业的女大学生，从小她就对中国的书法、国画等传统文化产生浓厚兴趣，因此她在绘画方面很有造诣，也很有自己独到的见解，经常画画画到痴迷的地步，也收集了很多名人的书画作品。毕业后，她被安排到一个小镇中学教语文，在她看来，自己的这份工作不仅适合自己的专业，还可以有时间练习绘画。

有一次，省书画协会的会长来学校做演讲，当时，小李也在接待室，校长就对协会会长说："这是我们学校的小画家，别看她年纪小，对绘画还是相当有造诣的。"协会会长不敢相信，认为一个20岁的女孩子会有什么绘画造诣，肯定是吹嘘的。可当小李"宁静致远"落笔以后，他不禁赞叹："真不敢相信这是一个20岁的女孩写的，笔力苍劲而沉稳，丝毫没有浮躁之嫌，看来对于书法的领悟能力，真不是靠年纪来论处的，你是个天才！"当场，协会会长对小李的字画爱不释手。后来，当他回城之后，力荐小李进入书画协会，而这恰恰满足了小李多年的心愿。

的确，会绘画的手是神奇的，在这些作画者的笔下，世界都是色彩绚丽的，这些人的内心世界也是丰富的、细腻的，画笔就是他们记录生活和心情的工具。

可见，绘画爱好者永不孤独，他们喜欢徜徉在自己的世界里，将那些触动自己的事物尽情地展现在画纸上，这是一份充实，一份愉悦的获得。

懂绘画艺术的人更懂得生活，他们懂得该工作时工作，该娱乐时娱乐，而他们娱乐的方式就是绘画，因为只有在绘画时，他们才能感受到生活的乐趣，这就是他们要的有仪式感的生活。他们积极乐观，有着始终向上的心境。他们更懂得，无论何时都要充实自己，认真地爱自己，用艺术来丰富自己的人生。

那么，该怎样挖掘并培养一个人的绘画天赋呢？

1.培养自己的观察力和对色彩的感知力

没有好的观察力，是画不出好的作品的。试想一下，你都看不到美的东西，或在绘画中需要表现的细节，你怎么能画出来呢？

因此，日常生活中，你不妨到大自然中去，细心观察并培养自己对色彩的敏感度和绘画灵感。

2.培养自己的想象力

不得不说，我们平常从绘画老师那里学习到的多半是绘画的技巧，而想象力却在很多时候被扼杀了，这需要我们在平时多注重开发自己的想象潜能，进而转化为一种能力。

总之，懂绘画的人并不一定要妙语连珠、舌绽莲花，也不一定拥有财富地位，更不一定有很多朋友，但他们绝不矫揉造作，绝不伪装，他们会用画笔表达自己的内心，但他们同样很有趣，因为他们的精神世界是充盈的。他们更懂得享受一个人的精彩，他们绝不会因为寂寞而纠缠他人，也不喜欢在灯红酒绿的场合消耗人生，因为绘画是他们抵抗独处时光最有利的武器，有了这把利器，纵使岁月老去，时光也会慢下来。

舞蹈——脚尖上的仙子

生活中的你，不知道可曾看过这样的场景：在一片空旷的场地上，音乐声缓缓奏起，你穿着一双舞鞋，翩翩步入场地中，尽情地舒展自己的身体，尽情地表达自己的心情。的确，舞蹈是很多人尤其是女人曾经的梦，舞蹈也能让一个人的身形更优美，会跳舞的人就像一名仙子，翩翩起舞的那一刻，他会散发出无穷的魅力。另外，舞蹈能给我们的生活带来许多快乐。

随着年龄的增长和现实生活的繁重压力，很多人便搁浅了舞蹈。其实，处于闹市中的人们，如果你能忙里偷闲，偶尔重温一下昔日的舞蹈梦，那么，相信你的身心一定能得到愉悦。

小艾从事的是办理签证的工作，这天上午，天气晴朗，她刚来到办公室不久，就见到一位母亲带着女儿来咨询相关事宜。母亲40多岁，朴素而慈祥。小艾打量了一下旁边的女孩，这个女孩子非常漂亮，皮肤雪白粉嫩，吹弹可破，五官非常精致。女孩戴了一个很大的墨镜，不过小艾能感觉到墨镜背后一定有一双水汪汪的大眼睛。女孩安静地坐在那里，像无风的湖水中清秀的睡莲，嘴边始终挂着浅浅的笑。让小艾奇怪的是，她从进屋到现在都没看自己一眼。

母亲似乎看出了小艾的心思，解释说："我的女儿是个盲人。"

听到母亲这么说，小艾心里一惊，可惜了这么一个美丽的姑娘，竟然看不到自己的美貌。不过，看上去女孩是乐观的，一直微笑着，隐藏着一股坚毅的力量。

母亲继续说："她从小就双目失明，别的小朋友可以蹦蹦跳跳，四处玩耍，她只能静静地坐在家里，看上去很忧郁，这种状况一直持续到她5岁的时候。后来，我发现女儿一个人待着的时候会在房间跳来跳去，便想送她去学舞蹈。我的女儿很勤奋，她一学便爱上了舞蹈，我看她慢慢地变得开朗、自信了很多。她比正常人学舞蹈难度更大，但她从来不喊苦喊累。这几年，她拿过很多奖，我打算把她送出国，接受更好的舞蹈教育。"

听到女孩母亲说的这些，小艾又看了女孩一眼，看得出来，女孩脸上自始至终挂着的微笑是发自内心的，虽然她的眼睛看不见，但是她的内心没有丝毫抱怨，而是非常安然。她是幸福的，小艾相信她的内心一定燃烧着一种取之不尽、用之不竭的力量。

这里，我们看到了舞蹈是怎样唤醒一个盲人女孩的，可想而知，如果她的母亲没有看到女孩在舞蹈上的兴趣，女孩没有接受舞蹈的熏陶，也许她还和从前一样自怨自艾。

有人说，爱跳舞的人是快乐的，是积极的。的确，我们发现，当我们还在幼儿期时，一旦我们遇到高兴之事，我们便会手舞足蹈，以表达自己的快乐情绪。而一个处于压抑心情下的人，如果尝试着跳跳舞，那么，他的心情也会由阴转晴。

当然，对于舞蹈的认识，我们必须深化。舞蹈是通过形体运动表达情感的一门艺术，是时间和空间紧密结合的一门动的视觉艺术。从条件上讲，舞蹈必须借助人体为工具，必须在自然和社会中进行。从人的功能上说，舞蹈是人类智力的高级游戏，是情感世界的回味、宣泄和体验。从舞蹈自身特征来看，需有极强的身体控制力，超常的“内模力”和感受力，需具有一定的情感逻辑或情感体验。

另外，舞蹈与音乐是相辅相成、 相映生辉的关系，二者结合达到珠联璧合的艺术效果。用辩证的观点看， 舞蹈是用身体谱写的旋律， 它其中有音乐的元素；音乐中有舞蹈形象，好的舞蹈音乐能使舞蹈充满活力、光彩，同时舞蹈也赋予音乐生命力，使音乐更有立体感。

总之，任何一个热爱舞蹈的人都是积极的、快乐的，也是优美的。当你随着音乐起舞的时候，你的音乐感、音准、韵律、节拍的敏感度和逻辑思维能力都得到了提高，脑部及身体协调能力也得到了锻炼。

阅读——爱读书让你更有内涵

有人说，书是人类进步的阶梯，是智慧的殿堂，珍藏着人类思想的精华，是金玉良言的宝库。而阅读，可以使我们增长知识和智慧，使我们的生活充满阳光，同时，使我们变得有思想。阅读有益的书籍，能净化我们的灵魂。所以，喜欢读书、善于学习的人看起来是与众不同的，那种内涵是备受他人欣赏与尊重的。

被誉为“中国五千年第一大才女”的宋代词人李清照与其丈夫赵明诚的结缘就是因为诗书。

李清照出生于一个爱好文学艺术的士大夫家庭。父亲李格非进士出身，苏轼的学生，官至礼部员外郎，藏书甚富，善属文，工于词章。母亲是状元王拱宸的孙女，很有文学修养。由于受家庭的影响，特别是父亲李格非的影响，李清照少年时代便工诗善词。

一日，赵明诚与李清照从兄李迥外出游玩，在元宵节相国寺赏花灯时与李清照相识。赵明诚早就读过李清照的诗词，本就赞赏不已，此时一见，便产生了爱慕之意。赵明诚回去后，便以“言与司合，安上已脱，芝芙草拔”的字谜方式，委婉地向父亲谈及此事。父亲赵挺之恍然大悟，便派人去向李清照求亲。于是，李清照在18岁时，与赵明诚结婚。婚后，李清照与丈夫情投意合，如胶似漆，“夫妇擅朋友之胜”。

婚后二人感情和谐，以收集金石字画作趣。后因政治因素，赵氏亲属被迫隐居乡里，赵明诚和李清照来到青州定居下来。赵家由显贵变成了普通百姓，对他们而言，却是因祸得福。他们把全部的精力都投放在金石、字画和古玩上。赵氏夫妇每得一本奇书，便共同勘校，整理题签，搭配书画器物，仔细把玩，互相给予评价。同时，夫妇二人在饭后还时常坐在归来堂中烹茶。两人指着满屋的书籍互相拷问对方，猜中的人先饮茶，以此为乐。赵、李二人还互比文采。李清照曾作《醉花阴》一词，尤其以“人比黄花瘦”一句最为经典。赵明诚读后，赞叹不已，却又想胜之，便闭门谢客，废寝忘食三天，最后得词50首，叫人评鉴，友人品味后说：“只三句绝佳。”赵明诚忙问是哪三句。友人回答后，赵明诚不禁哑然。原来是李清照的“莫道不消魂，帘卷西风，人比黄花瘦”。赵明诚由此更钦佩妻子的才学。

李清照与赵明诚之间的这段姻缘一直被人们传为佳话，从这里，我们可以再次发现，饱读诗书的女人具有致命的吸引力。爱读书的女人，会使生活情趣高尚，很少叹息忧郁或无望地孤独惆怅，重要的是拥有从容的心态。只要心境能保持年轻，对于年华的逝去就会无所畏惧。

哲人劝说我们：多读些书吧，读些好书。因为，书能给我们带来心灵最深处的滋养，当你被尘世所烦恼的时候，书会带我们步入一个世外桃源，一个脱离了纷扰现实的精神殿堂。具体说来，可以帮助我们达到以下几个境界。

1.读懂书，读懂自然

自然能净化人的心灵，让人返璞归真。自然的一切声音，如风声、雨声、松涛声、犬吠、鸡鸣、蟋蟀叫都是动听的。听到这些声音的时候，是我们心情最宁静的时候。这宁静，是没有争逐的安闲，是没有贪欲的怡然。这些属于自然的美妙，只有爱读书、远离尘嚣的人才能听得懂、看得到。因为从书中，我们能感受着自然的每一天：红梅傲雪沐浴晨光中，觉得天地一片灿烂，心神清新而明朗；徜徉晚霞里，感到人生无限温暖，精神愉悦而高洁。即使坐在屋内读书，也要靠窗而坐，用心去依靠那一树摇曳的翠绿，去接受那清风的吹拂。

2.读懂书，读懂世界

爱读书的人看世界，觉得天蓝、地阔、人美。他把生活读成诗，读成散文，读成小说。对生活，他真心投入，用心欣赏，心里从不设防；对世人，他不装腔作势，不阿谀奉承，总透着一身书卷气。

3.读懂书，读懂自己

高尔基说：“学问改变气质。”看来，读书是人永葆青春的源泉。读书又是不分年龄界限的，年年岁岁都是人读书的芳龄，永远是一份不过时的美丽。

4.视读书为人生最大的快乐

爱读书的人，视读书为人生的最大快乐。这样，当别的人正津津乐道时尚流行、张家长李家短时，你却能定下心来，让自己陶醉在书的世界里，洗涤自己，充实自己，忧伤着自己，快乐着自己。

书中自是知识的海洋，其实，爱上阅读并不是什么难事，关键是你要学会读什么书，怎么读书，慢慢养成良好的读书习惯，你就会爱上读书。当然，你不必刻意追求读书的数量，关键在于我们用心读书，读好书。

莎士比亚说过："书籍是全世界人的营养品，生活里没有书籍就好像没有阳光，智慧里没有书籍就好像鸟儿没有翅膀。"因此，你要记住，如果一本书不值得去阅读，就大可以不读；否则，你只会让自己装了一肚子的书，却解决不了生活中的一个小问题。对此，你要找出喜欢并优秀的文学作品来读，而不要浪费时间阅读垃圾文字。

另外，要学会带着感情阅读，这有利于培养自己的表达能力以及想象力。你还可以写一些读书笔记，写出自己的感受。再者，睡前是最佳阅读时机，浅睡眠时期最容易进行无意识的记忆，因此睡前的阅读一定要把握。

第8章

做点与众不同的事，让普通的日子变得不一样

我们都知道，生活就是柴米油盐，就是重复日常，所以是平凡的，这一点毋庸置疑。但生活绝对不应该是枯燥的，而正是因为一些与众不同的事，生活才会真正地生动起来。让生活充满生气的事有很多，如过纪念日、做一顿美餐、运动、旅游等，这些看起来简单的改变，让我们的生活充满了幸福。

为什么女人喜欢过纪念日

生活中，相信很多男人有这样的疑问：为什么几乎所有的女人都热衷于过各种各样的纪念日？如认识纪念日、恋爱多长时间纪念日、结婚多少周年纪念日，情人节、生日、购物节、圣诞节等。当他们追求女性时，这些纪念日就成为他们送礼物表达心意的最佳时机，然而一旦关系确定下来，他们便热情褪去，这些纪念日似乎被遗忘，如果女人提及，他们甚至会为此感到厌烦，男人给出的理由是，都老夫老妻了，做这些没用的干吗。

这是男人对于纪念日的心态，而女人却不是这样，她们认为，纪念日是一种对平淡生活的调剂，是检验对方对自己十年如一日感情不变的最佳利器，通过这些小小的仪式，她们能够获得快乐、感动、回忆，还有被爱的安全感。

可能一些男人会说，内容远重于形式，如果两人相爱，每天都是情人节，何必在乎这些没用的仪式呢？然而仪式本身确实存在一种神秘的力量，它是将体内的某些东西带往外界的过程，是将心灵的感知物化的过程，是将隐秘的情感意识化的过程。

对此，我们先来看下面一位女士发表在微博上的心情。

又到双十一了，每年的这个时候，大家都铆足了劲儿购物。朋友圈里，很多做微商的朋友也在卖产品，办公室里的男同事热火朝天地讨论着该送女朋友什么礼物，商场里各种节日促销满天飞。

我和老公结婚已经7年了，早已习惯平淡的婚姻生活，在这种小年轻们尽情表达爱意的季节里，其实我的内心也有一些小小的期待，不过老公一直是木讷的理工男，想必是完全忘记了。

这一次下班前，他竟然给我打电话，说下班了别着急回家，他会来接我，带我去吃西餐，结果去太晚了转了几圈找不到停车位，后来我提议干脆回家煮一锅泡面吃算了。但心里还是美滋滋的，毕竟我在乎的不是一顿烛光晚餐，而是他的心意。

为什么大部分女生都喜欢纪念日之类的日子？恋爱过的男生应该都有感触，女生总喜欢在这些纪念日上计较，有些嘴上说着不在意，但你若当真一点也不表示，那就做好女朋友莫名其妙生气的准备吧。

婚姻里，我们最易犯的错误就是太相信来日方长了，拖延症把一切激情都磨没了。生日、节日、结婚纪念日，你一忙给忘记了，或许就算记得也不在意，那不叫平平淡淡才是真，是不愿意在一个人身上花心思了。

女人喜欢这些纪念日，其实不需要多么轰轰烈烈的表示，也不需要多么贵重的礼物，一枝花儿一封情书甚至一句暖心的情话足以。

其实，男人没有意识到的是，他们也喜欢爱情和婚姻生活能新鲜有趣，过纪念日就是保鲜爱情的一个重要方式。

在大学里，姗姗和一个叫小强的男孩相识相恋了。经过四年的大学生活，两个人的感情越来越好，毕业后，两个人工作稳定了，随后便走进婚姻的殿堂。婚后的生活总是甜如蜜，他们两个人都有着比较好的家庭背景，所以结婚后就可以说是真正的小资了，有车有房的生活很符合姗姗的品位。

结婚以后，姗姗和小强也一直都为对方留足够的个人空间，他们彼此从来不干涉对方的生活。每到周末的时候，他们都会各自去参加自己朋友的聚会，不管玩到多晚回家，他们也不会责怪彼此。

男人就是这样，你如果给他一点颜色，那他就会染满整片天空。小强也不例外。刚开始他总是会比姗姗回来得早，总是会煲好汤在家等待姗姗，可是这样的日子并没有持续多久。

渐渐地，小强回来得越来越晚，而且有好多次都是喝得酩酊大醉。刚开始，姗姗责备他的时候，小强还总是承认自己的错误，可是到后来，小强不仅不认错，有时候还会变本加厉。这样的状况下，小强也就自然不会像以前那样关心和呵护姗姗了。

姗姗是很注重生活品质的女孩，她又怎么会愿意接受小强对自己的忽视呢？可是，即使姗姗责备小强，小强当时答应改正，说完话后就会忘得干干净净。姗姗眼看小强不知悔改，就决定换一种方法来重新找回热恋的感觉。

于是，在后来的几天里，刚好小强出差了，姗姗趁着这个机会，将家好好地布置了下，并且做了烛光晚餐，当小强出差回来后，看到妻子已经在家等他，并深情地对他说：“老公，今天是我们结婚三周年纪念日，这三年里你辛苦了，我知道你都是为了这个家才如此奔波，不过我更希望你花点时间陪我，可以吗？”听到妻子这番话，小强也认识到自己对妻子的疏忽，将妻子搂入怀中，说：“对不起，老婆，以后我会加倍呵护你。”

果然，第二天，小强就恢复了以前的样子，不管是上班还是在外应酬，总是会给姗姗打电话，回家后，也会给姗姗煲好粥，这时候的姗姗感觉自己像是又回到了谈恋爱的时候，那满脸的幸福不言而喻。

故事中的姗姗感觉到结婚后丈夫小强对自己越来越不重视了，于是利用结婚纪念日的时机，制造仪式感，让丈夫认识到对自己的忽视，进而重新找回热恋的感觉。

可见，爱情和婚姻中一个小小的纪念日，就能给我们的平淡日子注入新的活力。你会体会到内心的某些东西发生了微妙的变化，感受到自己的柔情，感受到对爱人更深的爱意，体会到一种责任感。

当然，纪念日中，我们不光要向爱人表达心意，更多的时候它是对自身的一种明示。例如新年，其实时光是连绵不绝的，而我们人为地设定了辞旧迎新的时刻，为年岁添加了仪式感，也为自己找到了一个重新开始的时机。

总之，纪念日能给我们带来更加直观和深刻的记忆，而我们，也需要仪式感来表达内心的庄重与情感。它让我们把波澜不惊的日子过得有滋有味，能给我们带来愉悦，带来美，带来爱与被爱的美好感觉。

勇于改变，你才会变得更加优秀

生活中，我们发现，那些优秀的人、成功者并不是一开始就是含着金钥匙出生的，而是从做很卑微的工作开始，脚踏实地，一步步走向成功的。如果没有当初的改变，那么，这些成功者也只能是在温饱线上挣扎的人。同样，生活中的我们，对于当下普通的生活，也要寻求改变，并开始一段不断拼搏的征程。其实，很多时候，寻求改变的方法只是做个痛快的决定，只要想做，并坚信自己能成功，那么你就能做成。

青青已经28岁了，刚开始结婚那几年，她是幸福的。她本来以为找个好人家把自己嫁出去，往后的生活围绕着丈夫与孩子团团转，一辈子也就这样了。但是，当她真的成家以后，却经常感到很迷茫，觉得浑身不自在。

更让她感到糟糕的是，婚后的丈夫也好像变了，找了份安稳的工作后，就变得不思进取，每天下班回家后就是打扑克、泡酒吧，这让她打心眼里嫌弃丈夫的无能和窝囊，再加上家里的经济条件并不十分宽裕，因此她很不开心，时常唉声叹气。

一个星期天，青青的一个闺蜜邀她出去喝咖啡，青青向闺蜜诉说心里的烦恼，埋怨自己嫁错了人。好友善意地提醒她："如果你总想着让老公多赚外快，增加收入，那么你恐怕很难感到快乐。既然你自己有理想、有能力，为什么不干脆自己创业或者努力工作呢？"这番话点醒了青青，她仔细一想，觉得好友的话十分在理，于是她开始留意身边的各种机会。

半个月后，邻居准备转让一家餐馆，她立刻就动了心思，打算把餐馆接过来。当时，丈夫和婆婆都不同意，觉得她一个女人能干成什么事。再说，她也缺乏经营经验，而且事情太繁杂，怕她遭罪。但青青坚持接了下来。很快，因为经营有道，她的生意红红火火。

尤其让她感到高兴的是，因为她打开了自己人生的新局面，丈夫也不再游手好闲，时常来帮她招待客人，管理餐馆的大小事务。丈夫在工作中也开始奋发向上。丈夫常感激她，说她让他自己找准了人生方向，就像周华健唱的那首歌——"若不是因为你，我依然在风雨里飘来荡去，我早已经放弃……"

如今的他们，在生活中能够互相交流自己的想法和意见，感情也比从前更加融洽了。

这就是一个聪明女人不甘于现状，用自己的能力改变现状的典范。刚开始，她围着丈夫和孩子转，原本以为这就是幸福，但实际上，这并不是她要的生活，她发现自己过得并不快乐，在闺蜜的提点下，她很快找到了努力的目标。事实证明，她有能力经营好自己的事业、自己的幸福，她与丈夫的感情也比以前更加亲密、融洽了。

生活中的每个人，都应该认识到智慧在创新过程中的重要性，如果你是个什么都敢于尝试的人，那么，你是一个勇者，但如果你希望获得成果，那么，你还要有谋略，你要学会用智慧指导行动。要知道，机遇是个挑剔的女神，只垂青于肯动脑筋、爱用智慧的经营者。没有全面的素质和一双洞察机遇的眼睛，又怎么能够开启成功创富的慧泉呢？

为此，要锻炼自己的勇气，你可以向自己不敢做的事“下战书”，也就是拿过去不敢做的事，曾经畏惧的事情“开刀”，克服自己的心理恐惧，扫除心里的“精神垃圾”，以树立起信心。

也许到现在为止，你还有很多因为不敢做而没去做的事，那么，不妨给自己列个清单，挑战一下自己，每天，你都要将其中一条画掉，每做一件不敢做的事，你就朝着勇敢更迈进了一步，成功就会向你招手。

其实，人的一生就是一场冒险，走得最远的人是那些愿意去做、愿意去冒险的人。我们每一个人都要相信自己能成功，要鼓起勇气，尝试迈开第一步，这才是真正的勇者。

为此，在为梦想奋斗的过程中，我们需要做到以下几点。

1.进取心态最为根本

席巴·史密斯说，许多天才因缺乏勇气而在这世界消失。

每天，默默无闻的人被送入坟墓，他们由于胆怯，从未尝试着努力过；他们若能接受诱导起步，就很有可能功成名就。

对于一个普通人来说，只有树立理想、点燃激情，才能激发出无限的潜能。

2.唤醒自己的梦想

我们心中都会有一个属于自己的梦想，但紧张的工作、烦琐的生活可能会让你搁浅心中的梦想。但你发现没，正是因为你失去梦想，你才会显得无力，没有热情。任何人潜能都需要一个伟大的动力，因此，不要犹豫了，为理想奋斗吧，你的人生才会别样的精彩！

3.审视自己，找出自己的闪光点

我们生活的周围，的确有这样一些人，他们有自己的梦想，为了自己的梦想，他们努力学习甚至不愿浪费一分一秒的学习时间。但奇怪的是，为什么他们的努力总没有效果呢？原因很简单，因为他们没有找到正确的努力方向！任何人，盲目地奋斗，都将会艰辛百倍，甚至一无所获。而每个人都有与众不同的地方，可能这些不同的地方会因为日常那些烦琐的事情而被掩盖，那么，从现在起，不妨停下脚步想想，你是不是在某些方面比别人更有天赋呢？如果有，就不要盲目奋斗了，重新审视自己，从自己最擅长的事情做起，你会省力、省心很多！

来一场说走就走的旅行吧

作为现代人，我们的压力到底有多大？无形的压力主要源自三个方面：工作、经济、健康。每天面对这些烦琐的问题，我们难免产生不良的情绪。于是，越来越多的人选择了旅行这一减压方式。

的确，旅行似乎有一种神奇的魔力，当我们找不到前行的方向，迷失了自己，或者情绪低落的时候，我们总能通过旅行重新找到前进的力量。旅行让自己开始思考自己从来不曾想过的问题，丢掉那些让自己烦恼的事情，让心灵得到放松，建构起一个更加细腻丰富的内心世界，让身与心都能享受到这次旅行带来的快乐。当我们迷失了自我，不仅能在旅行中重新找回自己，还能明白人生的真谛，让我们清楚地知道自己今后的路该如何走下去。

我们来看一篇游记。

最近，我一直为自己的身世而烦恼，坏心情就好像从我的每个毛孔钻出来，看什么都不顺眼。我从小就没有妈妈，她抛弃了我，我恨她，但在我内心深处，我又特别想念她，这样的矛盾心情一直折磨着我。我感觉心好累，在不知不觉间，我来到了老家，这是一个只有大自然的朴素地方。

走进大自然，这里的一切都令人欣慰，这里很平和，没有喧闹的汽车鸣叫声，没有人们的吵闹声，一切都是那么的清晰、新鲜。阳光潇洒地照耀着大地，火辣辣的太阳变得很温暖，给我心灵无尽的安慰。

漫步在辽阔的草原里，风飘过我的身旁，很清爽、很温暖，就好像一双慈母的手，抚摸着我的脸颊，很轻柔、很温暖。风的味道，简直令我难以割舍，让我想起儿时妈妈那模糊的香味，以及妈妈曾带给我的温暖。原来，世界真是变幻莫测，虽然妈妈不在我身边，但风让我变得很满足，而这种满足是前所未有的。

走进小小的森林，我闻到了香甜的果实味道，抬起头来，竟然发现那些早已经成熟的果实不知道什么时候跑到我的眼前，它们好可爱，红红的，衬托出它们美满的生活与幸福。我就好像一个调皮的孩子，轻轻地摘下一枚果实，也不顾卫生就塞进了嘴里，果实的甘甜袭来，让我瞬间忘却了一切烦恼，我好像早已经回到孩童时代，那种可以无所顾忌地奔跑在大自然中的感觉又回来了。毫无瑕疵的大自然，清晰、美丽，漫步在这里，我早已经忘却我为什么会来这里，我的烦恼是什么？大自然，不仅仅是美的艺术家，更是最好的心灵治愈师。

社会的复杂让我们失去生命的自由空间，生活在这种复杂的环境里，忧虑和烦恼空前地膨胀着，我们只能不停地工作，从来没有闲暇时光，最终使得心灵干枯了。虽然我们看似得到了许多享乐，但那却不是幸福；拥有许多方便，但那却不是自由。我们差不多已经忘记该如何享受生活，但若是回到大自然，我们的心灵将变得宁静而充盈，那种清晰的感觉唤起了我们对过去所有美好的回忆，幸福的感觉涌上来，那些糟糕的情绪早已经被覆盖而不知所终。

曾经有人说过，人的一生要有两次冲动：一次是为奋不顾身的爱情，一次是为说走就走的旅行。的确，人的灵魂与身体，至少有一样要在路上，而旅行可以增长我们的见识，我们在扫描更多见识的时候发现某些更符合自己内心愿望的爱好。另外，一个爱好旅游的人往往心胸更广阔，更有解决问题的弹性。

一位著名的芝加哥商人这样说，自己每个月需要花一个星期的时间去拜访国内的各同行商店，彼此交换对经营的看法，每年总要外出旅行一次，去考察各家著名商店的管理与经营。他认为："要使自己能够站在广阔、不偏的视野上观察自己，要保持自己的事业永不衰败，这种旅行是绝对必需的。"在每一次拜访与旅行中，他在不断地完善自己，努力使自己的商店经营得更好一点。一个不出自己的店门一步，不同其他商人交流的人，他所经营的商店就不会获得进步，将永远在原地踏步，直至被社会淘汰的那一天。

旅游可以帮你减轻压力，达到彻底放松、忘掉烦恼的效果，与大自然亲密接触，才能让人真正解脱！

1.外出旅游，让心灵更充实

在现代社会中，我们面临的压力越来越大，不仅有工作中的还有生活中的，而外出旅游，就能让我们抛下这些烦恼，让心灵更加充实，生活更加快乐。我们不妨试着放下手里的工作，找个时间，去外面旅游去吧，远离城市嘈杂的声音、繁忙的工作，扔掉心中的压抑与烦恼，让心灵更加自由，让心快乐飞翔！

2.旅行是减轻压力的方法

很多人经常在工作中不断追求，不眠不休、兢兢业业，只是为了自己在某些方面有所成就。长此以往，很可能危害我们的身心健康，甚至患上抑郁症。这时，我们就可以通过外出旅游来调节一下自己的心情。

出去旅游，转换环境，远离了让我们烦恼的源头，也想不到那些让我们犹豫和烦躁的事情，眼前只有美丽的风景。将自己融入新的环境之中，那种超脱红尘与世俗的境界，才是远离压力的最好办法。

3.旅行贴近自然、净化心灵

繁忙的生活，是否让你对工作失去了热情，渐渐感到茫然无措，感觉身心疲惫呢？怎样才能摆脱这种情绪，保持良好的心态呢？

我们可以利用旅行减轻压力，充实心灵。从旅途中获得内心的快乐，才是真正的旅游。这种快乐，不是简单的感官之乐，而是打动心灵的真正快乐。有谁不渴望获得真正的快乐，有谁不想从繁忙的工作中解脱出来呢？让我们开始吧！旅游让你的心快乐飞翔！

运动，让你的身体永远轻盈

有人说，现代人总是忙得像个陀螺一样，行色匆匆，心事重重，因为我们每天都要为生活操劳，为工作忙碌，很多人开始步入“亚健康”这一范畴，当然，越来越多的人也认识到运动对于提升身体素质的重要性。的确，“生命在于运动”，运动是保持身体健康的重要因素。早在2400年以前，医学之父希波克拉底就讲过：“阳光、空气、水和运动，这是生命和健康的源泉。”生命和健康，离不开阳光、空气、水和运动。长期坚持适量的运动，可以使人青春永驻、精神焕发。

运动的好处是显而易见的。根据不同的目的，我们可以选择适合自己的运动方式。然而，现实中有很多人，他们总是认为自己太忙了，哪有时间运动？其实，这不过是我们的借口，因为我们可以随时随地运动。

李华是化妆品公司的销售总监，为了维持自己良好的形象，她特别注重控制体重。家中有一个小型体重秤，她几乎每周都会称一次体重，以观察体重变化。

她还专门为自己制定了营养均衡却又不会导致发胖的膳食菜单，即便在外面就餐，也会饭前先喝一碗汤，一直坚持每顿只吃七分饱。就算看见自己喜欢吃的菜，她也能克制住食量。

平时的她，并不像其他女孩一样偏爱零食，冰箱里只有水果、牛奶和绿色蔬菜。工作休息之余，她会练练瑜伽或做做运动。公司放长假时，她喜欢约上几个朋友一起去爬山或徒步旅行。在她看来，好身材并不只是性感，更要健康。

李华做销售总监已经两年了，每次与客户见面都会受到客户的赞美，总经理也一直将她当作公司的形象代言人。

不少人抱怨工作太忙了，没有时间运动，其实，只要有运动的决心，时间总会有的，而且运动可以在日常生活中随时进行。例如，饭后散散步、做做清洁、跳舞或爬楼梯等都是不错的运动方式。也许有人会问："爬楼梯也算运动吗？"爬楼梯真的是一项运动。现在，一般的住宅区都安装了电梯，虽然这为人们省去了爬楼梯的麻烦，但一定程度上也减少了人们的运动量。有的人哪怕住在三楼，也会选择坐电梯而不是爬楼梯。所以，这时爬楼梯就成为一项运动了。

实际上，亚健康正悄悄地威胁生活中的人们，所以应该适当地站起来走一走，健康、工作都会上一个台阶。下面是几条简单实用的小妙招，让你轻松远离亚健康。

1.随时随地做运动

许多人在为自己的身体状况担优的同时，又抱怨自己太忙，没时间健身。对此，一些专家建议，如果你没有时间去健身房，或者投身大自然，那么，日常生活中也有一些随时随地健身的简易方法，如做瑜伽、仰卧起坐、踢毽子等。让我们一起行动起来吧，办公室的紧张工作再也不是没有时间锻炼的借口了！

2.逛街

这是受很多女性欢迎的休闲方式，也是一种很好的有氧运动。当然，男性也可以，我们平时逛街少则一两个小时，多则三四个小时，这样不停地走动可以增加腿部力量，消耗体内大部分热量，达到健身效果。比起在健身房中的枯燥器械训练，逛街让我们在不知不觉中锻炼了身体，还愉悦了心情，是两全其美的健身方法。

3.爬楼梯

长时间坐办公室不运动的人最容易体质下降，爬楼梯是简单可行的方法。对于久坐的你来说，一天多次、每次花几分钟时间做爬楼梯运动，可增加静止时脉搏跳动的次数，增强心血管功能。此方法贵在坚持，每天都要爬楼梯才会有好的效果。

4.办公室健身操

这也是一种不错的选择，端坐在椅子上，双脚着地收腹数十次，或者抬起双腿，尽量用双手将身体撑离椅子，再轻轻放下。这种一看就会的健身操可以让你在工作间隙轻松地健身。在各种瘦身和健身的网站上，有很多可供参考的健身操，选择一种适合自己的方式，定能在小小的办公室一隅找到一条通往健康和美丽的途径。

5.跳绳

说起跳绳，可能立即会让你想起童年时几个小伙伴一起嬉戏的情形，这种最熟悉的童年娱乐方式，恰恰是最有效的健身方式之一。双腿并拢，轻轻起跳，两臂轮回，手腕旋转……别看简单的一根跳绳，舞动起来却是一种全身运动。跳绳所需要的空间不大，技术无须太高，是我们活动身体的方便之选。

6.注意眼睛的保健

闭目养神或举目远眺，这是一个闲暇时最简单、最便捷的保健眼睛的方式。如果长时间面对电脑，眼睛很容易疲劳，这时我们把眼睛闭上，稍稍地休息一下，让眼部肌肉放松，把那些烦恼的事情都抛在脑后，接着做做眼保健操，按摩眼睛周围的主要穴位，让眼睛得到适当的休息。这个方法同样需要坚持，对于眼部的保健要适时、按时，面对电脑一个小时左右就要休息一下，这才是保持眼睛不干涩、不肿胀的最好方法。

因此，生活中的人们，动起来吧，即便你每天很忙碌，也要抽空“训练”自己的身体，让自己远离亚健康，在享受工作成就感的同时，也“走”掉对身体健康的担忧，那么，现在就开始，站起来走一走吧！

养养动植物，营造一个惬意的家居环境

随着社会的发展，人们的生活节奏越来越快，人们跻身于城市的钢筋混凝土中，平时忙于工作，节假日要么加班，要么去电影院、KTV、饭店这些公共场所，很少有时间享受惬意的自

然世界。久而久之，人们好像很久没有看到绿色的自然环境了。

其实，人们忽视的自然是最好的修养身心的方式。所以，当你觉得心情烦闷的时候，你可以去大自然走走，去呼吸新鲜空气。然而，很多人感叹，我没有足够的时间奔赴遥远的大自然中寻求心灵的宁静，怎么办？答案其实很简单，就是自己在家养养动植物，营造一个惬意的家居环境 。

假如你在生活中是一个有心人，那么，你不难发现，很多老人喜欢养花，而喜欢养花的老人大多慈眉善目、心态平和。这是为什么呢？其实，原因很简单。因为花是自然的精灵，在养花的过程中，这些老人无形中亲近了自然。同样的道理，喜欢养动植物的人，都非常善良，心平气和。

陈琦是一名中学老师，她平时除了给学生上课外，最大的爱好就是养养花草。

陈琦的家布置得很有特色，每个来她家里的朋友都不喜欢坐在温暖舒适的沙发上，而喜欢席地坐在她家阳台的一角。这一角究竟有何魔力呢？吸引得人们宁可坐在硬邦邦的地上，也不愿意坐在松软的沙发上。让咱们去看一看吧！

陈琦的家不大，是60多平的大一居。不过，客厅挺大的，阳台也很宽敞，当然，卧室相对小一些。陈琦把阳台的一角布置得别具匠心，使人难以抗拒这一角散发出的独特魅力。

陈琦在阳台的一角摆放了一张1.2米的书架，还在书架旁边摆放了一张90公分的双层花架。书架的每一层上都放满了陈琦喜欢看的书，在书架的最上面，摆放了一盆长得郁郁葱葱的蕨类植物和一盆文竹。蕨类植物喜欢阴凉，因此绿得很浅，是那种刚刚冒出来的新绿色，看得人心头清凉清凉的。文竹也是很纤弱的样子，与嫩绿的蕨类植物一样，都使人觉得心中充满了绿色，使人的心变得软软的。在一旁的花架上，下层摆放着海棠、马蹄莲、茉莉等七八盆盆栽，上层摆放着一个精致的鱼缸，里面养了6条自由自在的小金鱼。在靠近书桌的一角，有一簇长得郁郁葱葱的水竹，叶子黄绿相间，在正午的时候，这盆水竹可以给蕨类植物和金鱼遮挡阳光。在鱼缸的一侧，还摆放着一盆水仙花。这个布置让这个阳台的一角显得春意盎然，而且弥漫着书香的气息。为了使坐在这里的人更好地融入其中，陈琦没有在这个角落里安置座椅，而是在地上放了六个藤编的地垫。平日里，地垫是叠放起来的，可以节省空间，来了朋友的时候，他们就各自拿着地垫席地而坐。在这个角落的中间位置，摆放着一个精致的树根茶几，与这个微自然的环境融为一体，非常协调。此外，也不要忽视了头顶，头顶的空间除了垂吊着两盆绿萝之外，还有一只声音清脆的黄鹂鸟，时而高歌一曲。

虽然大城市寸土寸金，但是，只要用心，我们还是能够为自己制造一个惬意的绿色空间的。在这个空间里，足不出户，我们就可以神游其中，使自己宛如在原始森林中畅游一般酣畅淋漓。这样一来，每天，只要回到家中，我们就可以抽出或长或短的时间舒缓自己的紧张情绪，心情自然就会放松起来。近年来，很多饭店都采取这种方式，在室内种植一些绿植，甚至还有些饭店弄一些小桥流水，让人们在江南水乡之中心情愉悦地用餐。

总而言之，我们要尽力为自己营造一个充满自然气息的空间，亲近自然。只有这样，才能使我们那颗在钢筋水泥中变得逐渐僵硬的心柔软起来，从而更加热爱生活。

那么，我们该怎样置身于自己营造的舒适环境中呢？例如，你可以在家中的阳台上种一些自己喜欢的盆栽，像海棠、茉莉、玫瑰、马蹄莲等。假如你的栽培技术不好，也可以选择种一些比较好成活的绿植，如水竹、绿萝等。大家都知道，绿色代表着生命和希望，能够使人心情平静、充满希望。

所以，即使是不开花的绿植，也同样能够起到平复心情的效果。此外，你还可以养一些金鱼，或者是小宠物，如蜥蜴、乌龟等。在精心照顾它们的过程中，你能够充分体现自己的价值，找到自信。在家中，你可以为这些绿植和金鱼开辟一个小小的角落，布置得高低错落、疏密有致。每当心情烦躁的时候，你就可以置身其中，仿佛置身于大森林中，神游一番，别有趣味。

第9章

生活已经很苦，找个温暖的人过一生

婚恋，多么熟悉和甜蜜的词汇，人们常说，看一个人是否幸福，看他的婚姻生活便知道了。对聪明的人来说，婚姻生活就是一座甜蜜的城堡，处处开满鲜花。但是也有相当一部分人，他们明明彼此相爱，却不是让婚姻生活走到了尽头就是陷入了痛苦的深渊。说起原因，不过是不懂爱，本章内容正是引导迷惑的人们点破情场迷津。

对最爱的人，说最动听的话

婚姻中，无论男女，都喜欢听柔情蜜语，让对方感受着恋爱的甜蜜、婚姻生活的温馨。为了婚恋的幸福，我们要让爱人感受到生活的温馨，用自己的甜言蜜语去抚慰爱人的心灵，让对方感受到柔情蜜意，从而共同营造甜美的生活。

在婚恋中不懂得爱人的心思，对爱人粗鲁无礼，对于另一伴来说，无异于一种折磨，会让对方处处感到不顺心、不如意。懂得对方心思，说话和气，温婉动听，你的甜言蜜意会使对方感到舒服。因此，我们要读懂爱人的心思，要用自己的蜜语去感化对方，即使是心如磐石的人，也会感受到你的柔情蜜意，被你的真情实意感动。婚恋中，我们的甜言蜜语就如调和剂，在生活变得暗淡无光、百味俱失的时候，为生活添色添香，让爱人领略到生活的多姿多彩。

小丽和陈谦成婚后，两个人配合得很默契，生活过得很美满。但是没过多长时间，小丽就发现陈谦回家的日子越来越少。即使回家，小丽和他说话，他也是充耳不闻。两个人的生活变得逐渐平淡，家里再也没有了以前的欢声笑语。

小丽心里很烦恼，和陈谦说话也是粗声大气，家里变得一团糟。陈谦回到家里，更是少言寡语。小丽搞不清楚陈谦的心思，自己也是闷闷不乐。为了改变这种状况，这天，她把家里收拾得干干净净，布置一新，等候陈谦回来。陈谦下班回到家之后，感觉眼前一亮，话语也多起来。通过与陈谦的交谈，小丽明白了陈谦在工作上遇到难题。于是，小丽好言相劝，一番甜言蜜语，使陈谦紧张的心情得到了缓解。

重新感受到妻子温柔体贴的陈谦，工作上的辛苦也变成一种乐趣。在闲暇时，陈谦带着小丽一块外出旅游，感受大自然的美好，他们的生活又充满了快乐。

可见，你的蜜语甜言，可以使爱人感到生活的甜蜜、美好。对爱人说话难听，会伤害对方的自尊，让爱人对婚恋生活充满失望。事例中的小丽，用自己甜蜜的话语化解了陈谦的劳累，使陈谦重新感受到她的柔情蜜意，二人也重归于好。

婚恋中的你，一定要理解对方的心思，用自己的甜言蜜语去感化爱人，尽心呵护爱人。感受到柔情蜜意的人，才会对你有更多的爱意，在事业和生活中才会有积极向上的动力。

在恋爱期间需要甜言蜜语，走进婚姻的殿堂更需要甜言蜜语来滋润婚姻。和爱人讲话的时候，不要太苍白，太没有人情味，讲话直来直去，缺乏爱意，这样会招致情感上的冷淡，甚至走到家庭破裂的边缘。相反，有时候，一句甜言蜜语却能消除隔阂、化解矛盾、增进感情。

不少女人认为，女人才应该是被人呵护、听人讲些甜言蜜语的。通常，女人抱怨自己的丈夫忽略她们，不知道赞扬她们时，往往也吝于对丈夫赞赏示爱。然而，最能够体贴地表示出爱心的女人，在付出爱的同时，也从丈夫那里得到了自己需要的一切。

其实，爱情的饥渴并不是女性专有的一种疾病，男人也会患这种“病”的。曾经有人把夫妻间对爱情的冷淡叫作“精神食粮不足”。这个比喻很恰当。因为，男人不是只靠面包就活得下去的，有时候，他们也需要一杯充满爱的咖啡——还要在里面加一点方糖。

当然，能说会道并不一定是要多说，而是要说对。说话谁都会，但是能够说得有技巧，说出来不让人反感，才是真正地会说。会说话的人，能够准确地表达自己心中所想，并用恰当的词汇来修饰；会说话的人，能够把道理有条理地讲出来，不会让别人感到混乱；会说话的人，说起话来轻松自然，任何人都能够很快理解他的意思；会说话的人，是通过说话来表现自己，通过说话来增加别人对自己的好感。

总之，不论是热恋中的情人还是夫妻之间，爱情的表达并不是多余的，它可以将平淡的生活之海激起一朵朵五彩的浪花。但现实生活中却有许多人忽略了这一点，结果感到婚后的日子平淡无奇，少了激情，更有甚者陷入情感危机。其实有时候，一句直抒爱意的“我爱你”，分别时候的一句“我想你”，对你来说可能只是举“口”之劳，可对对方来说却是倍感温馨。如果你有心让对方知道自己喜欢他们，对方不会毫无感觉的，热情与接纳是促成“来电”的催化剂。

真正的爱，是顺其自然，也不强求

对于生活中的大龄青年来说，在耳边经常听到的大概就是父母关于婚姻的话题："你年纪也大了，应该考虑婚姻问题了。"这样的话不是偶尔听到，而是经常听，天天听。时间长了，一旦听到这样的字眼，就会触动青年男女敏感的神经。目前，中国适婚未婚的单身人群有1.6亿，被婚恋困扰人群达2.8亿。调查显示，相对经济窘迫的剩男，剩女多为高智商、高学历、高收入的"白骨精"，在经历过刚开始被叫"剩女"时的急躁和担忧之后，现在许多大龄剩女却有一种前所未有的坦然。

一位30岁的高级白领说："我未来的丈夫要有梁朝伟的外貌加蔡康永的口才，要能够在削苹果、剥虾壳这类小事上来照顾我，不一定要有肌肉，但要爱运动，要有学问，最好对某种东西有深度的研究以便让我产生持久的崇拜感。另外，我认为好男人还要适当有点坏。"尽管她还没遇到这样的男性，但她并不打算放低自己的择偶标准。因为站得比较高，所以她们并没有局限自己，从而降低自己的择偶标准。

同样，现代社会，越来越多的人开始更加注重婚姻质量以及在家庭中的地位，他们之所以有能力徘徊在婚姻的围城之外，这与他们能耐得住寂寞有很大的关系。相反，一些人会为了结婚而结婚，他们耐不住寂寞，单身对于他们来说太难熬了，所以他们会盲目进入婚姻，而进入婚姻之后才发现自己错得离谱。

所以，无论男女，即便你已经被剩下了，无论是什么原因，都不要怀疑自己的价值和魅力，更不能因为寂寞而进入婚姻，你也需要坚持宁缺毋滥，不要委屈自己，毕竟结婚是一辈子的事情，一旦选错了那就输了一辈子。择偶，需要慎重又慎重，站高一点，而不是局限自己。

已经35岁的小曼因为一直没嫁出去，所以每次回家都被母亲念叨。当家人们劝小曼早日出嫁的时候，她情绪非常激动："你们别再逼我了！妈妈你就这么希望我走吗？"站在旁边的弟弟看见姐姐对母亲这样大嗓门，心里很恼火，说："你年纪这样大了，早该找个人嫁了。"说着说着就打了小曼几个巴掌，还在小曼身上打了几十拳。后来，小曼到医院检查，发现自己左侧三根肋骨骨折。

这件事情传出去之后，不少剩女表示："这事情太吓人了，得赶紧把自己嫁了。不过话又说回来，结婚这件事不是你想结就能结的，也不是你想娶我就非得嫁，一定要两人看对眼吧。"一位剩女则说："剩女们伤不起啊，看在肋骨的面子上，争取快快'脱单'吧。"还有一位剩女表示："看来将来我穿防弹衣加钢盔都还不够，还得再加一圈钢板。"

像小曼一样，多少大龄剩女正被父母念叨着，她们那根敏感的神经经常被触动，很快就会爆发出来。每每到了回家的日子，剩女们总是心惊胆战的，既想回家，又怕回家，怕回家就被父母念叨结婚的事情。尤其是老家在农村的女孩子，在农村凡是超过20岁的女孩子就算是大龄剩女了，在父母的眼里，这样的年纪已经很难找到合适的对象了。

宁宁是个很不错的姑娘，但她的感情之路却不顺，她和男友小平苦苦相恋了整整十个年头，他们同甘苦、共患难，彼此互相鼓励和支持，一路走到今天。就在宁宁开始憧憬幸福生活的时候，男友小平突然变心了，和一个有钱人家的千金小姐结了婚。这对宁宁来说，着实是个不小的打击。

她哭过、闹过，也痛苦过，最终不得不接受这个事实。半年后，宁宁依旧沉浸在伤痛中无力自拔，就在这个时候，同事阿进向她表白了。

一开始宁宁拒绝了，可是阿进对她非常好，而且态度坚决，慢慢地宁宁的心被他感化了，于是他们牵手了。由于经历过一次伤害，宁宁无法重拾爱的感觉，其实她再也不敢轻易去爱了。

阿进是个非常有耐心的人，或者说他真的爱宁宁吧。他总是想尽一切办法哄宁宁开心，只要宁宁喜欢的东西，他都会弄回来，即使再难他也会千方百计地去想办法。因此，宁宁心里非常信任阿进，也慢慢开始喜欢上了他。

这天，阿进牵着宁宁的手在公园里散步，两个人一路上说说笑笑。到了公园深处，见四周无人，阿进轻轻抱着宁宁，慢慢靠了上去。就在他刚刚亲吻上宁宁的时候，宁宁突然一下子将他推开了。阿进正沉浸在幸福之中，没有丝毫的准备，一下子跌倒在地。他迅速爬起来，不顾自己身上的疼痛反而关切地问道："宁宁，没事吧？"

宁宁的脸色非常难看，她转过头去，陷入沉思之中。原来就在刚才阿进吻她的时候，她想起了小平，想起了和小平初吻时的情景，想起了和小平约会的点点滴滴，再想想现在，物是人非，她再次陷入了伤痛之中。

从那之后，每次阿进想吻她的时候，都会遭到拒绝。发展到后来，宁宁拒绝和阿进牵手或拥抱等亲密举动。尽管阿进很爱宁宁，可是由于宁宁始终无法越过这个坎儿，阿进终于心灰意冷，也就慢慢地放手了。

故事里的宁宁因为苦苦经营了10年的感情以男友小平的背叛结束，因而陷入了巨大的伤痛中无力自拔。后来尽管和阿进牵手了，可是由于无法忘记过去的点点滴滴，从而很难振作起来，面对新的感情，因为无法和阿进建立正常的恋爱关系而被迫放弃。纠结过去，只会给自己未来的生活蒙上阴影；忘记过去，我们才能更好地开始新的生活。

事实上，对于任何人来说，爱情都是美好的，但经营爱情和婚姻却未必简单，这也是我们需要用一辈子时间去学习的课题。

你若不珍惜，谁能许你幸福

爱情与婚姻中，无论男女，当你步入婚姻殿堂的那一刻，你就要把自己那些所有关于爱情的美好憧憬收藏起来。这不是说你们的爱已经终结，而是说你们的爱才刚刚开始。这种刚刚开始的爱更多的是需要你的尊重、理解、宽容和珍惜，如果你不珍惜，谁也不能给你幸福。

张岚已经35岁，和丈夫的婚姻已经走到7年之痒的时候。这年，命运给她安排了一场突如其来的灾难。她后来常常想，如果没有这场灾难，也许她和丈夫早已劳燕分飞，因为他们已经没有任何在一起的理由——丈夫马上要出国，可以拿到高于现在几倍的薪水，而自己也可以像时尚杂志中的单身贵妇一样再寻寻觅觅，找一个配得上自己身份和收入的男人。但命运不是这样安排的。

在丈夫即将出国前，她发现，她身边的任何一个女性朋友，无不是住着豪华别墅，丈夫或者男友也无不是行业内的精英或者大老板，而自己的丈夫只不过是个技术人员，他的收入让自己过着不痛不痒的日子。这样的日子她已经受够了，同是名牌大学毕业，为什么自己和姐妹们的命运如此不同？

于是，她和丈夫不断争吵，但正如人们说的，“家和万事兴”，不兴，则祸事而至。一天，她在上班的路上出了车祸，当她从医院醒来，她发现，身边那个男人已经泣不成声，那一刻，她发现了这个男人的好，她想起了他们恋爱的那些日子。

那时候，她是个害羞、胆小的姑娘，因为担心自己不够优秀，所以不敢去爱优秀的男孩；因为害怕将来失去，所以索性现在拒绝，但真的拒绝了，又怅然若失。直到有一天，她恍然大悟——她遇到一个男人，他们一起收养了一只小狗，再后来，他们相爱了。一次闲聊时，她问他："如果哪天出现了比我更好的女孩……"他说："如果有一天，你遇到了比现在这只小狗更可爱的……"她说："我不会的，这小狗跟了我那么长时间，我们有感情了。"他说："哦，原来你懂得感情，我还以为你不懂呢。"于是，很快，尽管遭到很多人的反对，但他们还是结婚了。

直到那一刻，付出了沉重得不能再沉重的代价，张岚才知道真爱是不可以算计的，因为人算不如天算——如果一个人爱你，他必须爱你的生命，必须肯与你患难与共，必须在你危难的时候留在你的身边而不是转过脸去，否则，那就不叫爱，那叫"醒时同交欢，醉后各分散"，那种爱，虽然时尚，虽然轻快，但是没什么价值。

这场车祸后，张岚在丈夫的照料下，很快康复了，他们之间的婚姻也康复了。

从这个故事中，我们看到了一个已婚女人的心路历程。她应该感谢这场车祸，让她看到了自己的幸福，抛开了那些世俗的想法。

其实，要想获得幸福并不难，只要我们学会珍惜，你会发现，我是个淳朴的人，我有着可爱的孩子，我的爱人对我很忠贞。这样，你还会羡慕那些浮华的生活吗？还会抱怨吗？另外，婚恋专家指出，要经营婚姻，需要我们记住以下几点。

1.珍惜婚姻，忠于感情

如果你走在婚姻的十字路口，如果你还陷在婚姻取舍的矛盾之中，如果你依然觉得爱人的可取之处大于可恨之处，你应该平心静气地与对方协商，然后两个人一起好好过。

2.创造生活情趣

一年365天，每天过的都是同样的生活，不是柴米油盐就是锅碗瓢盆，谁都会腻，谁都会烦。因此，不妨转变一下生活方式，偶尔给对方一个惊喜，在穿着、发型上变换一下，或者将卧室内的布置变换一下，都会使爱人感到新鲜。

3.学会沟通和谈判

沟通使对方了解你有什么需要、愿望、变化和感受，这是夫妻之间保持关系畅通、活跃的重要方式。

4.当婚姻面临挑战时，共同面对生活

夫妻双方应该是互动、和谐、互助的。当爱人脆弱的时候，你应该帮助他/她坚强起来，渡过难关。

5.精心呵护情感才能百年好合

当夫妻发生争吵时，如果是你的问题，你就要主动真诚地道歉，有了良好的认错态度，对方自然会虚心地进行自我批评，一个和好的表示，就可以软化双方气愤的情绪，甚至因为得到沟通，宣泄了负面情绪而加深彼此的理解和爱情。

6.不断更新才能天长地久

长久的幸福就是能够保持新鲜活泼的感情关系。如果有一部分失去了，你要再造它；如果破坏了，你要修复它。必须经常给你的婚姻注入新鲜活力，婚姻才能长盛不衰。

7.小别胜新婚

不要总是24小时和你的爱人黏在一起。小别胜新婚，你不妨趁出差的机会给爱人一个想念你的机会；不妨偶尔和爱人分床而睡，这都会增加你的神秘感。

8.主动制造一些小浪漫

不可否认，无论男女，都喜欢浪漫的爱情氛围。即便你们很相爱，你们也要面对柴米油盐和养家糊口的责任，因此，你们要适当激发出对方对爱情和婚姻的热情，如偶尔做一次烛光晚餐，或者是准备好两张电影票，看一场浪漫的电影等。当对方的热情被你调动起来的时候，他就会更加呵护你，更加爱你。

时刻提醒自己，不要忘记关心爱人

在茫茫人海中，两个人能够相遇相爱就是一种缘分。如果男女双方都能好好地珍惜对方，那么这份情感定能长期存活下去。而珍惜彼此的重要方面就是要用心关怀爱人，让对方感受到你真挚的爱，才能让爱越来越沉淀。

阳阳和陈鑫是大学同学，两人上大学时开始恋爱。因为是学生族，两人也都是普通家庭的孩子，所以大学生活很拮据，即使是约会也只是在学校外面的小餐馆偶尔吃一顿好的。但是他们依旧觉得很开心，陈鑫觉得只要两人在一起，努力打拼，未来一切皆有可能。

两人从大学开始便兼职做着各种小生意，虽然辛苦了点，但是为了美好的未来，两人劲头十足。大三那年，正是淘宝最热的时候，陈鑫抓住时机，开了个卖衣服的淘宝店，赚到了人生的第一桶金。大四毕业，两人付完首付，在这个小城市有了属于自己的一套房子。

一毕业就买了自己的房子，这让许多朋友都十分羡慕，嚷嚷着就等吃他们的喜糖了。几个月之后，两人顺利地领了证，但是陈鑫并没有像其他结婚的朋友那样办婚礼、摆酒席，只是给身边的朋友、同事发了喜糖，说两人都交往那么多年了，感情深厚，不在意这些虚礼。对此阳阳不是很高兴，一生就一次的婚礼对女人来说是多么重要啊，可现在被陈鑫这么一说，自己要是再说什么，好像成了无理取闹、不懂事的人了。

结婚之后，陈鑫把自己全部的精力投入网店的运营当中。为了扩大经营范围，提高市场竞争力，陈鑫和同事有时候在公司一工作就是几天几夜不眠不休，而且应酬越来越多，回家的时间自然也就越来越晚。一开始，阳阳还会数着点等陈鑫回来，后来阳阳也渐渐习惯房子的冷清了，到点了就睡觉。就这样两人的交流越来越少，结婚一年，两人说的话还没有以前恋爱的时候一个月说的话多了。朋友和阳阳聊天听到她说得最多的话就是家里冷冰冰的，心也冷了。

日子继续往前走，一天陈鑫回家早，特意绕到超市买了一堆菜，想弥补两人的关系，但是当他兴匆匆地做好饭准备下楼去接阳阳时，却看见阳阳正从另一个男人的车里出来，分开时两人还拥抱了一下。陈鑫很想冲上去打那个男人两拳，但是他很快冷静下来了，怕给左邻右舍见了，让阳阳难堪。阳阳到家后见陈鑫在家，并没有什么表示，陈鑫本来以为她会愧疚、会解释，但是等来的却是阳阳似解脱一般的五个字："我们离婚吧！"阳阳坚持离婚的理由很简单，她和陈鑫的家已经让她感受不到温情了，她不愿再把自己的青春耗在等一个不回家的男人身上。

每个人都需要温情，女人尤其需要。毫无温情的环境，就像是一望无垠的沙漠，带给人的只会是绝望。男人打拼事业无可厚非，但这并不能成为冷落妻子的理由，家庭作为社会中的一个非常特殊的群体，温情显得尤为重要。如果一个家庭毫无温情可言，那么它是无法带给人希望和喜悦的，因为它就像是死海一隅，毫无生机、喜悦可言。要想让自己在爱的海洋里徜徉，就必须为打造充满温情的家庭而努力，否则你就将失去幸福的源泉。

那么，恋爱婚姻中，我们该如何关怀另一伴呢？

1.记住对方为你所做的一切

无论男女，都要明白，我们的家人是真心实意地对我们好，一定要记住，并懂得感恩，不要觉得对方对你好是应该的，这个世界上没有人必须死心塌地地爱着你。所以，记着别人的好就是珍惜这份感情，才能让爱永恒。

2.不要随便伤害爱你的人的心

我们在爱一个人的时候，往往无怨无悔。反过来，这时候，我们一定要珍惜对方的这份付出，不要随便去伤害这个爱你的人的心，只有你好好地珍惜他，才能温暖他。如果你总是不停地伤害他，那么等到有一天，他的心凉了，也就放弃你了。

3.要对爱情有绝对的信仰

生活中并非只有爱情，更多的是现实。如果你对爱情没有绝对的信仰，那么在现实的各种诱惑和压力之下，你根本坚持不下去，更别说珍惜和在乎你的爱人了。其实，被人爱着，就是世界上最大的财富，因为并不是每个人都有这份好运的。所以，要对爱情有绝对的信仰，这样你才能更好地珍惜你的爱人。

4. 要懂得为对方付出爱

爱情就是付出和索取，如果付出了得不到回报，那么就会对爱情产生怀疑，觉得自己是在折磨自己。所以，你要明白，爱情是需要两个人来共同经营的，如果你只顾着索取，却从来不知道去付出，那么你们的感情迟早会走入绝境的。因此，作为一个聪明的人，要懂得为你的爱人付出，事实上，这也是在珍惜对方。

总之，人都是有血有肉的动物，人的感情是靠彼此之间的互动来维系的，每个人心中都渴望一个温馨的港湾，每个人都希望得到别人的关心和爱，每个人都享受被别人挂念的感觉。所以不管事业有多忙，应酬有多重要，都不要忘了时刻提醒自己，多关心自己的亲人、爱人。

第10章

享受无意义，让生命慢下来

当一个人匆匆忙忙地赶路，他很难看到路边的风景，也不会注意到同行者的心情。然而，人生这趟旅程并不在于迫不及待地赶赴终点，而是要慢一些，学会欣赏，学会停留，学会与爱人执手偕老。当你觉得已经没有时间享受生活，就要放缓那颗焦虑的心，慢下来，等一等自己滞后的灵魂。

放慢脚步，用心享受今天的美好

我们都知道人是一种有着美好憧憬的动物，年轻的时候，我们总是想着等到老了以后，得到许多物质的满足，再去好好享受，去环球旅行；当我们有了孩子的时候，总是惦记着让孩子好好享受，至于自己到底需不需要享受，或者什么时候享受，却从不去认真考虑。所以，很多人觉得自己很累。

生活中，那些工作狂为什么那么拼命地工作呢？他们最主要的目的就是挣钱，而挣钱为了什么呢？难道仅仅是因为让自己的生活更物质一些吗？在物欲横流的今天，越来越多的人物质充足，但其精神却很贫瘠，心灵无法得到休息。这主要是因为他们模糊了一个概念，挣钱的意义在于享受生活，而不是折腾生活。

刘玲是下属们眼里的“女强人”，但幸运的是，她在30岁之前还是把自己嫁出去了。很快，她有了自己的孩子，但她不可能为了照顾孩子放弃事业。于是，在征得丈夫的同意下，儿子出生没多久，就被送回南方老家托爷爷奶奶照料，而她则继续上班。一转眼，5年过去了，除了长假，她和丈夫回老家看过孩子和老人外，她和孩子几乎没有在一起生活过。

眼看到了孩子该上小学的年龄，她希望能把孩子接回身边，但在和孩子商量这件事的时候，孩子的回答让她很吃惊："我要和爷爷奶奶在一起！我不走！"好不容易连哄带骗地把孩子接到了身边，可是令刘玲尴尬的是，孩子跟自己和丈夫怎么也亲近不起来，而且变得沉默寡言，只有在电话里和爷爷奶奶说话的时候，才显现出孩子活泼的天性，刘玲为此大伤脑筋。而刘玲平时工作也繁忙，孩子的事更让她筋疲力竭了。

当然，孩子被忽视只是现代女性家庭意识缺乏的一个表现。有些女性甚至只是把家当成一个休息、抱怨工作压力大的场所，她们忽视了孩子需要妈妈、丈夫需要妻子、父母需要孩子。其实，努力工作并无过错，但我们努力工作的最终目的依然是享受生活。既然如此，为什么要本末倒置呢?

享受生活归根结底是一种心境。享受的关键在于寻找快乐的人生，而快乐并不在于你拥有多少、获得多少、生活质量如何，而是在于你怎样看待周围的人和事情，怎样让自己有一颗接纳一切快乐事物的心。

对于我们大部分人而言，与其成为一个不要命的工作狂，还不如做回自己，静心地享受生活。

1. 做好自己，不该想的不要多虑

要想活得快乐、轻松，就不要把太多的时间放在那些没有意义的事情上，你想得多了，心就累了，又谈何享受生活呢?

2. 有问题要及时解决

我们要学会享受生活，要想做到这点，很重要的一个环节就是在遇到问题时，能够及时地去解决。例如，有的夫妻在生气之后，会互相不理睬，时间久了，就会让误会加深，问题更加严重。所以真正懂得享受生活的人会在问题出现后与自己的爱人沟通，让有问题的一方认识到错误，这样做不仅能够一同找到解决问题的办法，而且在一定程度上能够促进彼此的感情，这样的过程也是享受生活的过程。

生活中，享受生活是人生的特殊体验，在越来越喧嚣的尘世中，我们逐渐背离了享受生活的本质。在拼命工作的过程中，我们变得越来越提得起、放不下，为享受而享受，把挣钱、占有当作享受的终极目的。这样一来，生活中感受到的是苦多乐少。

尽管，有激情有梦想是上天赐予自己的礼物，为自己热爱的事业而努力更不会是一种错误。但是，休息也很重要，除去忙碌的工作时间，我们应该更多地享受生活，享受独处的静谧时光，享受身心放松的幸福日子，这样我们才能收获更多来自心灵深处的快乐。

其实，享受生活是一种感知，我们在忙碌之余，静下来品味春华秋实、云卷云舒，一缕阳光、一江春水、一语问候、一叶秋意都是生活里醉人的点点滴滴。

要努力工作，更要享受生活

生活中的你，偶尔放下忙碌的工作，站在城市的街头，伫立远望，看着熙熙攘攘的人群，你一定会产生恍若隔世的感觉。的确，满眼望去，你看到的都是行色匆匆的人，几乎没有一个人能够悠然自得地走着，观赏身边的景色。究其原因，现代社会的生活节奏越来越快，工作压力也越来越大，人们根本没有时间和精力从容地享受生活。然而，当你披星戴月地日复一日，你可曾问过自己活着的意义是什么？

这是个我们一直都在思考的问题，可以说，这个问题贯穿我们的一生。那么，如何摆正生活与工作之间的关系呢？

这是每个人都要面对的命题。也只有捋清这两者之间的关系，我们才能更好地享受生活，也才能更加全身心地投入工作。不乏有人把工作无限放大，甚至把生活缩小到看不见的程度。这样的人，我们称为“工作狂”，因为他们的生命中只有工作，而没有生活。还有些人则恰恰相反，他们厌恶工作，只把工作当成谋生的手段，因为他们觉得很难做成一番事业。从本质上来说，这两种人都不是最懂得生命的人。前者把生命无限压缩，从未享受生活；后者对工作贬低，甚至从心底里排斥和抵触工作，因而也就无法感受工作的乐趣。那么，生活与工作之间的关系到底是怎样的呢？

在无数奔波于生活和工作的人经过无数次实践之后，才得到了一个至理名言：工作是为了更好地生活，生活就必须工作。看到这两者之间相互依存、无法分割的关系，你一定哑然失笑了吧。生活，远远不止工作一项内容，工作是生活的意义，也是生活不可分割的一部分，更是实现美好生活的必经途径。

陈凯是个典型的职场精英，他从欧洲留学回来以后，空降到某跨国公司的中国分公司，并担任负责人。为了证明自己，他从上班第一天起，就开启了疯狂工作的模式。

他每天废寝忘食，带着全体员工日夜奋战。为此，员工们纷纷抱怨："咱们就像是机器人一样啊，连片刻休息也没有。"对此，陈凯总是给大家加油鼓劲："为了未来过上好日子，咱们必须拼搏啊。少休息一会儿不算什么，再苦也没有红军二万五千里长征苦啊！"看到老板这么说，大家也无语。

陈凯不仅盯着大家苦干，自己也废寝忘食。他已经三天没有回家了，一天之中，他除了吃饭睡觉用去几个小时之外，其他时间都在全心全意地工作。一个加班的夜晚，陈凯突然觉得头昏昏沉沉的，左边的胳膊也有些微微发麻。他还算有些医学常识，赶紧让同事送他去医院，又通知了他的妻子。果不其然，陈凯因为过度劳累，有些轻度脑梗，需要马上治疗。看到妻子关切的眼神和委屈的泪水，陈凯才意识到自己做错了。他对送他来的同事说："给大家放假一天，让大家都回去休息吧。留两个值班人员就行，轮休。"妻子含着眼泪数落他："你呀你呀，你拼命工作是为了什么呀！你口口声声说为了我和女儿更好地生活，但是如果你突然离开了我们，我们就算有再多的钱又有什么用呢！”陈凯惭愧地说：“急于求成让我忘记了工作的初衷，我对不起同事们，也对不起你和女儿。我以后不会再这样了。”

如今，越来越多的猝死事例发生在我们身边，尤其是对于那些经常熬夜加班、长期睡眠不足的人而言，患心脑血管疾病的概率非常大，远远超乎我们的想象。最让人痛心的是，这些猝死的人之中大部分都是正值壮年的，就这么突然离开人世，撇下挚爱的爱人、亲人和年幼的孩子，让人无不感慨唏嘘。实际上，很多疾病都是有征兆的，也与生活习惯和工作习惯有着撇不清的关系。我们唯有从现在开始努力寻求健康的生活方式，调整好工作和生活之间的关系，才能在未来的日子里更好地享受生活，也更加摆正工作的位置。

现代社会，人们的生活水平有极大的提高，当你为了实现自身的价值而努力工作时，当你为了改善家人的生活而努力工作时，你应该时刻记得，工作的目的是更好地生活，而不是毁了生活。

不管是在学习、工作还是生活中，都应该学会劳逸结合。不会玩的人也不会学习，工作起来不休息的工作狂最终也坚持不到最后，只有懂得如何休息、如何安排自己的作息时间的人，才是最高效、最成功的人。我们要学会在生活中寻找平衡点，找到这个平衡点，即便我们面临着众多的生存压力，也可以游刃有余地轻松生活。这就要求我们能够把握自己的生活。想要生活得如鱼得水，我们可以先找寻生活的平衡点。面对生活的重担，不要给自己太多压力，也不要急功近利，要知道罗马城不是一天就建成的，什么事情都需要一步一步去做。只有学会调节自己的心理，才能享受到生活的乐趣。

无论如何，都要成为自己人生的主导者

在这个世界上，每个人都是独一无二的个体。虽然人与人都是同类，但哪怕是长相完全相同的双胞胎，也往往性格迥异。正如一位名人所说的，这个世界上绝没有两片完全相同的树叶，也绝没有两个完全相同的人。每个人都是独特的个体，每个人都拥有完全属于自己的世界。所以，我们每个人都要记住，我们的人生应该由自己做主，而不是活在他人的眼光中，如果事事按照他人的要求来做，只会让自己很累。

然而，我们发现，生活中，有的人习惯与自己较真，不断地苛责自己，他们最常用的方式就是把自己当作焦点，时刻关注自己的一言一行，好像有了一点点疏忽，自己就成了大罪人一样。其实，他们都忽略了，自己就好像在不断地讨好身边所有的人一样，如果看见别人的眼光不一样了，他就觉得内心恐惧，一种莫名的担心就来了：我是不是做得不够好？

实际上，生活中，每个人有每个人的生活方式和言语行为，根本没人在意你今天说了什么、做了什么，千万不要一厢情愿地把自己当成了焦点。如果你觉得别人在观察你、注意你、在意你，那也是因为你太过较真了。人们每天都有很多事情需要考虑，他们根本没有多余的时间和精力来观察你到底说了什么、做了什么，或者是哪些事情没做好。只要不是太大的事情，通常情况下人们是不会在意的，任何人都不会成为大家的焦点，因为每个人的焦点就是他们自己。因此，不要苛责自己，如果在做事情的过程中有了一点疏忽，不要自责，因为没人会在意。

小雨是店里新来的营业员，她是一个小心翼翼的孩子，就连说一声“你好”她都会微微点头，唯恐自己的言行让店长不太满意。其实，对于这样一个谦和有礼的孩子，店长是很喜欢的。

小雨并不明白店长的心思，她每天都在担心自己的工作做得不够好，担心自己做错了事情。有一天，她在摆弄蛋糕的时候，手不小心抖了一下，小蛋糕摔在地上，小雨害怕得眼泪都流了下来，店长急忙安慰：“没事，没事，一会儿让师傅重新做一个。”可小雨心里好像背上了一个沉重的包袱，总在担忧：店长会不会因为这件事辞退我，我怎么这样笨呢，其他人工作总是做得那么好，可我……她越想越泄气，每天忧心忡忡，工作接连出现了纰漏，店长疑惑了，这样一个女孩子到底为什么烦心呢？

在店长的再三开导下，小雨才道出了自己的心结，店长听了有些哑然失笑："这都是一些小事情，值得为这样的事情担心吗？工作中犯了一点小错，没有人会在意的。大家都在关注工作的事情，没有人会关注你，当初我当实习生的时候，犯下的错误更多，但我从来不担心，因为犯错了才能更好地改正错误，不是吗？"听了店长的话，小雨豁然开朗，原来自己并不是焦点，又何必去在意别人是怎么看的呢？

因为太在意别人的目光，我们的言行都会小心翼翼、如履薄冰，心中好像揣着一个炸弹一样，随时准备着逃跑，这样整日忧心的日子有什么快乐可言呢？其实，将自己当成焦点，那不过是自己在与自己较真，实际上根本没人会在意你的言行。

留一只眼睛看自己，能帮你更好地把握人生

每个人从呱呱坠地开始，就在不断成长。从娇嫩的婴儿，到渐渐走向成熟，一个人要经历漫长的过程。在此过程中，不但身体在不断成长，心智也要不断成熟。当然，心智成熟的过程并非像身体那样水到渠成，可以说，人的心智成熟是漫长的也是艰难的。心智的成熟，更多的是需要不断地进行自我反省、发现自己。尽管人人都觉得对自己是非常熟悉的、毫无嫌隙的，然而实际上，每个人对自己都很陌生。一个人只有真正地了解自己，才能不断自省，不断成长和完善自我，也才能更

好地欣赏别人。我们唯有更好地了解自己的内心，才能更好地了解他人，也才能以更加积极热情的态度投入生活。可以说，一个人唯有留一只眼睛看自己，才能正确地认知自己，才能更好地把握人生，也才能更加积极地拥抱人生。

自从大学毕业后，张强就非常努力。他找到了一份自己喜欢的工作，每天早早地去单位，晚上下班之后，其他同事都走了，他还依然留在单位加班。然而，这种工作状态很快就被打断了，原来张强突然迷上了网络游戏。他不但下班以后玩游戏，就是在工作的间隙里，也总是偷偷摸摸地玩游戏，他甚至把每个月的大部分薪水都用来购买游戏装备。总而言之，他对游戏已经陷入痴迷。有段时间，张强所在的公司安装了新的管理软件，管理者从管理软件上就可以了解每个员工正在利用网络做什么事情。不过，对此大家都不知情。在连续三天观察到张强沉迷于游戏之后，张强的上司提醒张强，不要在上班时间做与工作不相干的事情。张强以为上司只是普通的提醒，故而毫不收敛。

一个星期之后，张强收到公司的辞退通知，他莫名其妙地失去了工作。为此，他办理离职手续前问上司自己被辞退的原因，上司向他展示了他近半个月来的工作状态记录，张强哑口无言。的确，作为公司的员工，却利用工作时间玩游戏，这是任何一个老板都无法容忍的。张强失去了喜爱的工作，懊悔不已。他下定决心戒掉游戏瘾，从此之后再也不玩游戏，而是全心全意地投入工作。果不其然，他在新公司表现很好，很快就因为工作业绩好得到了提升。

在这个事例中，张强认识自己的过程是痛苦的，甚至失去了心爱的工作才幡然醒悟。现代社会，各种各样的瘾很多，张强在陷入游戏瘾之中时，丝毫没有意识到自己已经玩物丧志。幸好，公司的管理者及时为他敲响警钟，才使他意识到问题的严重性，从而积极改变自己的状态。毋庸置疑，每个人都有各种各样的缺点，一个人从稚嫩到成熟，从有很多缺点到渐渐变得完美，都要经历独特的过程。当然，自我成长说起来很容易，做起来却很难。我们必须时刻保持自我反省的状态，更加深入地了解和剖析自己，才能不断成长。

那么，我们该如何审视自我呢?

1.要学会面对真实的自己

人有时候很矛盾，自己所说的话、所做的事未必是自己心里真实所想的。生活中有一些人常常口是心非，尽管嘴上对人不依不饶，可是心里却已经屈服了。因此，我们要学会真实地面对自己。一般情况下人是不会欺骗自己的，事实上，也欺骗不了，因为只有你最了解你自己。

2.要常常思考自己的言行

当你所做的事情或所说的话伤害了别人之后，你的内心之中其实会有一个对与错的判断。可能你嘴上不承认自己错了，可当你面对自己的时候，你会慢慢意识到自己的错误，会觉得确实话说得不合适，事做得不合适。因此，别一味地由着性子去说话做事，要常常思考自己的言行，归还自己一个真实的自我。

3.学会分析自己的行为动机

很多时候，一些人做事情并没有那么多理由，或许你对自己说只是喜欢而已，可是没有人会做没有理由的事情，说没有理由的话。所以，你一定要多问问自己为什么要这么做，为什么会有这样那样的想法。当你想清楚的时候，你就知道自己是否真的做错了。

4.坚持内心的正直和善良

我们内心之中常常会非常矛盾，尤其是在进行自我评定的时候，或者是在抉择的时候，内心之中总是有两个自己在不停地打架。要么这样，要么那样，不同的抉择会有不同的结果。可是未来是不可预知的，所以，无论如何要坚持内心的正直和善良，不要随便放弃自己。或许你的抉择只是一念之差，但却会把你的整个人生毁掉。

朋友们，假如你想要成就自己独特的人生，就从现在开始努力了解自己吧。当你看着镜子里的自己，你却发现原本自以为熟悉的面容在镜子里显得那么陌生。当你审视精神上的自我，你会发现曾经的自以为了解只是自以为而已。我们只有真正尽量客观公正地了解自己，虚心积极地改进自己，才能在人生的路上越走越远，才能如愿以偿地距离成功越来越近。认识自己，是把握人生的第一步，没有人能够越过这一步而获得成功的人生。

参考文献

[1]慈怀读书会.把生活过成你想要的样子[M].北京：北京联合出版公司，2016.

[2]高珉淑.兴趣的发现：把生活过成你想要的样子[M].程匀，译.北京：华夏出版社，2018.

[3]连山.把生活和未来过成你想要的样子[M].北京：中国华侨出版社，2018.

[4]面白.把生活折腾成你想要的样子[M].北京：民主与建设出版社，2017.